U0266948

国家古籍整理出版专项经费资助项目

中国历代园艺典籍整理丛书

名花谱

[清] 沈赋 编著　程宇静 译注

长江出版传媒

湖北科学技术出版社

图书在版编目（CIP）数据

名花谱/（清）沈赋编著；程宇静译注 . —武汉：湖北科学技术
出版社，2022.1
（中国历代园艺典籍整理丛书/程杰，化振红主编）
ISBN 978-7-5352-7520-2

Ⅰ . ①名… Ⅱ . ①沈… ②程… Ⅲ . ①花卉－观赏园艺－中国－清
代 Ⅳ . ① S68

中国版本图书馆 CIP 数据核字（2021）第 239842 号

名花谱
MINGHUA PU

责任编辑：张波军　傅　玲
封面设计：胡　博
督　　印：刘春尧

出版发行：湖北科学技术出版社
地　　址：武汉市雄楚大街 268 号湖北出版文化城 B 座 13—14 层
电　　话：027-87679468　　　　　　　邮　编：430070
网　　址：http://www.hbstp.com.cn
印　　刷：武汉市金港彩印有限公司　　　邮　编：430023
开　　本：889mm×1194mm　　1/32　　印　张：7
版　　次：2022 年 1 月第 1 版
印　　次：2022 年 1 月第 1 次印刷
字　　数：160 千字
定　　价：68.00 元

总序

　　花有广义和狭义之分。广义的花即花卉，统指所有观赏植物，而狭义的花主要是指其中的观花植物，尤其是作为观赏核心的花朵。古人云："花者，华也，气之精华也。"花是大自然的精华，是植物进化到最高阶段的产物，是生物界的精灵。所谓花朵，主要是被子植物的生殖器官，是植物与动物对话的媒介。花以鲜艳的色彩、浓郁的馨香和精致的结构绽放在植物世界葱茏无边的绿色中，刺激着昆虫、鸟类等动物的欲望，也吸引着人类的目光和嗅觉。

　　人类对于花有着本能的喜爱，在世界所有民族的文化中，花总是美丽、青春和事物精华的象征。现代研究表明，花能激发人们积极的情感，是人类生活中十分重要的伙伴。围绕着花，各种文化都发展起来，人们培植、观赏、吟咏、歌唱、图绘、雕刻花卉，歌颂其美好的形象，寄托深厚的情愫，装点日常的生活，衍生出五彩缤纷的物质与精神文化。

　　我国是东亚温带大国，花卉资源极为丰富；我国又是文明古国，历史十分悠久。传统文化追求"天人合一"，尤其尊重自然。"望杏敦耕，瞻蒲劝穑""花心柳眼知时节""好将花木占农候"，这些都是我国农耕社会古老的传统。"花开即佳节""看花醉眼不须扶，花下长歌击唾壶"，总是人生常有的赏心乐事。花田、花栏、花坛、花园、花市等花景、花事应运而生，展现出无比美好的生活风光。而如"人心爱春见花喜""花迎喜气皆知笑"，花总是生活幸福美满的绝妙象征。梅开五福、红杏呈祥、牡丹富贵、莲花多子、菊花延寿等吉祥寓意不断萌发、积淀，传载着人们美好的生活理

想，逐步形成我们民族系统而独特的装饰风习和花语符号。至于广大文人雅士更是积极系心寄情，吟怀寓性。正如清人张璨《戏题》诗所说，"书画琴棋诗酒花，当年件件不离它"。花与诗歌、琴棋、书画一样成了士大夫精神生活不可或缺的内容，甚而引花为友，尊花为师，以花表德，借花标格，形成深厚有力的传统，产生难以计数的文艺作品与学术成果，体现了优雅高妙的生活情趣和精神风范。正是我国社会各阶层的热情投入，使得我国花卉文化不断发展积累，形成氤氲繁盛的历史景象，展现出鲜明生动的民族特色，蕴蓄起博大精深的文化遗产。

在精彩纷呈的传统花卉文化中，花卉园艺专题文献无疑最值得关注。根据王毓瑚《中国农学书录》、王达《中国明清时期农书总目》统计，历代花卉园艺专题文献多达三百余种，其中不少作品流传甚广。如综类通述的有《花九锡》《花经》《花历》《花佣月令》等，专述一种的有《兰谱》《菊谱》《梅谱》《牡丹谱》等，专录一地的有《洛阳花木记》《扬州芍药谱》《亳州牡丹志》等，专录私家一园的有《魏王花木志》《平泉山居草木记》《倦圃莳植记》等。从具体内容看，既有《汝南圃史》《花镜》之类重在讲述艺植过程的传统农书，又有《全芳备祖》《花史左编》《广群芳谱》之类辑录相关艺文掌故辞藻的资料汇编，也有《瓶史》《瓶花谱》等反映供养观赏经验的专题著述。此外，还有大量农书、生活百科类书所设花卉园艺、造作、观赏之类专门内容，如明人王象晋《群芳谱》"花谱"、高濂《遵生八笺》"四时花纪""花竹五谱"、清人李渔《闲情偶寄》"种植部"等。以上种种，构成了我国花卉园艺文献的丰富宝藏，蕴含着极为渊博的理论知识和专业经验。

湖北科学技术出版社拟对我国历代花卉园艺文献资料进行全面的汇集整理，并择取一些重要典籍进行注解诠释、推介普及。本丛书可谓开山辟路之举，主要收集古代花卉专题文献中篇幅相对短小、内容较为实用的十多种文献，分编成册。按成书时间先后排列，主要有以下这些。

1.《花九锡·花九品·花中三十客》，唐人罗虬、五代张翊、宋人姚宏等编著，主要是花卉品格、神韵、情趣方面标举名目、区分类别、品第高下的系统名录与说法。

2.《花信风·花月令·十二月花神》，五代徐锴、明人陈诗教、清人俞樾等编著，主要是花信、月令、花神方面的系统名录与说法。

3.《瓶花谱·瓶史·瓶史月表》，明人张谦德、袁宏道、屠本畯著，系统介绍花卉瓶养清供之器具选择、花枝裁配、养护欣赏等方面的技术经验与活动情趣，相当于现代所说的插花艺术指导。

4.《花里活》，明人陈诗教编著，着重收集以往文献及当时社会生活中生动有趣、流传甚广的花卉故事。

5.《花佣月令》，明人徐石麒著，以十二个月为经，以种植、分栽、下种、过接、扦压、滋培、修整、收藏、防忌等九事为纬，记述各种花木的种植、管理事宜。

6.《培花奥诀录·赏花幽趣录》，清人孙知伯著。前者

主要记述庭园花木一年四季的培植方法，实用性较高；后者谈论一些重要花木欣赏品鉴的心得体会。

7.《名花谱》，清人沈赋编著，汇编了九十多种名花异木物性、种植、欣赏等方面的经典资料。

8.《倦圃莳植记》，清人曹溶著，列述四十多种重要花卉以及若干竹树、瓜果、蔬菜的种植宜忌、欣赏雅俗之事，进而对众多花木果蔬的品性、情趣进行评说。

9.《花木小志》，清人谢堃著，细致地描述了作者三十多年走南闯北亲眼所见的一百四十多种花木，其中不乏各地培育出来的名优品种。

10.《品芳录》，清人徐寿基著，分门别类地介绍了一百三十六种花木的物性特色、种植技巧、制用方法等，兼具观赏和实用价值。

以上合计十九种，另因题附录一些相关资料，大多是关乎花卉品种名目、性格品位、时节月令、种植养护、观赏玩味的日用小知识、小故事和小情趣，有着鲜明的实用价值，无异一部"花卉实用小丛书"。我们逐一就其文献信息、著者情况、内容特点、文化价值等进行简要介绍，并对全部原文进行了比较详细的注释和白话翻译，力求方便阅读，衷心希望得到广大园艺工作者、花卉爱好者的喜欢。

程 杰 化振红

2018 年 8 月 22 日

解题

  《名花谱》是清代较有影响力的一部花卉文献，《四库全书总目》《清文献通考》《（乾隆）杭州府志》等都有著录，编撰者为清初杭州人沈赋。据笔者所见，《名花谱》应是在清代康熙年间"展海令"颁布之后传入日本。日抄本保存了该文献的作者、编撰时间等信息，为我国国内诸版本所无。下面将《名花谱》的编纂背景、版本源流、作者、内容特点、流传及影响等问题一一解读说明。

一、编纂背景

  我国的花卉栽培与欣赏活动历史悠久，明清时期更加兴盛。随着商品经济的进一步发展，花卉栽培日益形成独立的生产事业，出现了一些知名产区。花卉贸易十分兴旺，群众性赏花活动亦颇为盛行，知识分子高雅的花卉欣赏与艺术表现活动也很兴盛。而且与此相适应，花卉类农书及专著大量涌现。[①] 王达《中国明清时期农书总目》统计显示，有明一代直至康熙元年（笔者注：《名花谱》的刊刻时间），花卉类农书及专著共约 109 部[②]，如明代王路《花史左编》、王象晋《二如亭群芳谱》等。这些农书内容十分丰富，涉及栽培技术、花卉的加工利用、盆景及瓶花艺术、诗文赏析及花

---

① 参阅叶静渊《我国明清时期的花卉栽培》，《农业考古》，1987
  年第 2 期。
② 王达《中国明清时期农书总目》，《中国农史》，2001 年第 1
  期至 2002 年第 1 期共 5 期连载。

卉典故等。

浙江杭州地区气候温暖，雨量充沛，植物资源丰富，有着悠久的花卉栽培与欣赏传统，尤其是宋朝南渡之后，杭州园林建设空前发展，著名园苑50多处，无论是仕宦人家还是平民百姓，种花、插花、赏花活动都十分兴盛。花卉产业也得到很大发展，花卉种植基地逐渐形成[1]，杭州花卉专谱开始兴起，有北宋赞宁的《笋谱》、范成大的《范村梅谱》、张镃的《梅品》等。逮至明清时期，杭州地区游春赏花活动依然旺盛，《（康熙）仁和县志》载，杭州"西溪一带梅花甚盛，沿亘十余里，清芬袭人。中多别业，往往高人逸士托足其间，或肩舆小艇，载酒肴，携襆被，有旬日始归者"[2]。

在这样的自然、人文背景下，清初杭州文人沈赋，借鉴前贤的花卉文献，总结杭州当地花卉栽培与欣赏经验，结合自身养花赏花的体验，编纂了这部《名花谱》。

二、版本源流

（一）康熙元年（1662年）刊本

《名花谱》成书时间在康熙元年（1662年），至迟于1698年，该书已被传入日本，今日本国立国会图书馆藏《名花谱》抄本一部。该藏本是日本人抄录而成，不分卷，半页9行，行20字。卷首钤印"生济堂"和"帝国图书馆藏"。封面题名"清课七种"，后小字书"居易堂名花谱"。扉页右侧竖题"清课七种，居易堂论定"。其后低一字列题"一围棋谱　一象棋谱　一马吊谱　一茶谱　一名花谱　一打马图谱　一升官图谱"。其右竖题落款："康熙壬寅居易主人沈赋相如甫漫书于西湖之宝"[3]。"康熙壬寅"即康熙元年（1662年），"居易"或为主人书斋之名，由此自号"居易主人"。沈赋即居易主人，"相如"应为其表字。目录页题名"居易堂名花谱目次"，后列花卉名称共92种，又列瓶花诀、盆种诀和十二月花木诀三条。正文卷

---

① 参阅舒迎澜《宋代苏杭的园林与花卉栽培》，《农业考古》，1990年第1期。
② 〔清〕马如龙《（康熙）杭州府志》卷六，康熙二十五年（1686年）刻本。
③ 见日本国立国会图书馆网站所示《名花谱》的数字扫描件（http://dl.ndl.go.jp/info:ndljp/pid/2537448）。

首题"名花谱"，后题"西湖居易主人论定"。《四库全书总目·名花谱》提要云"所列凡九十二种，而附以瓶花诀、盆种诀、十二月花木诀"①，所说与此目次完全相合。正文有红色墨迹的圈点符号。符号有小圆圈、顿号、单笔竖线和双笔竖线。每一类别前标小圆圈，语意需停顿处在文字右下角标顿号，人名、地名的右侧标单笔竖线，书名的右侧标双笔竖线。该书末页左侧竖题"宝永第三丙戌冬十月廿二日誊写毕　杏圃堂"（黑色墨迹），其左侧又书"宽保二壬戌年二月十八日誊录　同腊月十五日查较毕"（红色墨迹）。"宝永第三"应为日本纪年"宝永三年"（1706年），"宽保二年"为1742年。此页的左上角又有图书馆的书签，上书："黑字　朱字　小野兰山先生自笔。"小野兰山（1729—1810），名职博，字以文，号兰山，京都人，江户时代中期本草学中京都学派的代表人物，著有《本草纲目启蒙》四十八卷（1803年）、《大和本草批正》等。小野兰山聪颖早慧，宝历二年（1752年）23岁时即舍弃仕进之心，开"众芳轩"之学塾以教授本草。②小野兰山为本草学家松冈玄达（1668—1746年）的晚年弟子。松冈玄达与清初中日贸易关系密切，日本天理图书馆收藏有其亲笔抄写的《元禄享宝新渡书目》《四部书目》等，可见其对清朝商船持渡书极有兴趣。其所抄书目及相关信息自"元禄甲戌乙亥（1694年）"后，"朱墨两色'○'印记随处可见"③。因此，根据上述《名花谱》书末的题跋、松冈玄达与舶载书的关系、松冈玄达与小野兰山的关系及《名花谱》朱墨两色批点的特点，可以推断如下：《名花谱》可能由松冈玄达（或在其指导下）在宝永三年（1706年）十月二十二于杏圃堂初次誊写完毕。宽保二年（1742年）二月十八，13岁的小野兰山为松冈玄达弟子时，又亲笔誊录，同年的腊月十五查较完毕。值得注意的是，日抄本的最大贡献是保存了扉页及其信息，为我国国内诸版本《名花谱》所无，由此我们可以得知《名花谱》的作者为沈赋，成书于康熙元年（1662年）。

　　《名花谱》是怎么传入日本的呢？江户时期（1603—1867年），由于

①　《四库全书存目丛书》影印《名花谱》卷末附《四库全书总目·名花谱一卷》提要，济南：齐鲁书社1997年版，第395页。
②　廖育群《日本传统医学与文化》，上海：上海交通大学出版社2003年版，第128页。
③　［日］大庭修著，戚印平等译《江户时代中国典籍流播日本之研究》，杭州：杭州大学出版社1998年版，第198~199页。

"锁国政策"，日本人被严禁向海外航行，因此室町时代（1336—1573年）以前那样由前往中国的日本人携回书籍的事例，在江户时代完全没有出现，书籍清一色都是经中国人之手而运至日本的。运送书籍的中国人全都是商人，书籍主要是作为商品输入日本。①1661年，清政府为诛灭郑成功，颁布"迁界令"，导致从中国本土沿岸出海的商船数目骤减。1683年，随着郑氏的投降，"迁界令"解除，"展海令"颁布，清政府实施自由贸易体制，从中国本土沿岸出海的商船数目迅速增加，至1688年达到高峰。因此，《名花谱》应是在"展海令"颁布之后被作为商品运入日本的，时间上应不会早于1684年。笔者还发现，日本学者贝原益轩（1630—1714年）所著《花谱》引用了沈赋的《名花谱》中的内容，该书出版于日本元禄十一年（1698年）。②这说明，至迟在1698年《名花谱》已传入日本。不过《名花谱》传入日本的具体时间还有待文献记录上的实证，现存的中日交易中的舶载书目中未见到《名花谱》。③

（二）康熙三十一年（1692年）刊本

《名花谱》是丛书"居易堂清课"七种之一。《中国丛书目录及子目索引汇编》著录有"居易堂清课"七种，康熙三十一年（1692年）刊本，包括《围棋谱》一卷，《象棋谱》一卷，《马吊谱》二卷，《茶谱》一卷，《名花谱》一卷，《掷升④官图谱》一卷，《打马图谱》一卷。⑤遗憾的是，

---

① 王勇、［日］大庭修主编《中日文化交流大系9·典籍卷》，杭州：浙江人民出版社1996年版，第97页。

② ［日］贝原益轩《花谱》，永原屋孙兵卫［ほか]1698年刊本。

③ 此处所说舶载书目指《商舶载来书目》（1693—1795年）、《宫内厅书陵部藏舶载书目》（1654—1754年）、《大意书》（1694—1860年）。相关书目详参［日］大庭修编《关西大学东西学术研究所资料集刊七·宫内厅书陵部藏舶载书目》，关西大学东西学术研究所，昭和四十一年（1966年）以及［日］大庭修编《关西大学东西学术研究所资料丛刊一·关于江户时代唐船持渡书的研究》，关西大学出版部昭和四十二年（1967年）发行。

④ "升"，原作"陞"，误，由于"升"的繁体字"陞"和"陞"形近致误。"升官图"是一种文人游戏。卜永坚著《游戏官场》（中华书局，2011年）对其源流、玩法考述甚详。因为游戏时要在图上掷骰子，所以游戏又名掷升官图。

⑤ 施廷镛主编，严仲仪、倪友春分编《中国丛书目录及子录索引汇编》，南京：南京大学出版社1986年版，第286页。

此刊本未见著录馆藏地，因此它的具体刻本形态也就无法获知。

（三）康熙五十五年（1716年）刊本

康熙元年（1662年）的原刻本今已不存。我国图书馆现存两种翻刻本皆为康熙五十五年（1716年）刻本。其一现藏故宫博物院，《故宫珍本丛刊》据以影印出版。[①] 该丛刊卷首分册总目录著录为"清康熙五十五年（1716年）居易堂刻本"[②]。该刻本不分卷，不著撰者，半页7行，行20字。左右单边，黑口，单鱼尾。目次及"西湖居易主人论定"的题款都与日本国立国会图书馆藏抄本完全一致。

另一刻本现藏南京图书馆，1997年《四库全书存目丛书》据以影印出版 [③]。该刻本也不分卷，不著撰者。半页7行，行20字。左右单边，黑口，单鱼尾。此刻本为残本，始于第三页，第三页之前的正文、目录等残失。此刻本字形、版式、卷次与故宫博物院藏本极为相似，应属同一版本系统。

表1 《名花谱》版本源流

版 本	馆藏地或文献出处	刻本（抄本）形态
康熙元年（1662年）刊本	日本国会国立图书馆	不分卷，半页9行，行20字
康熙三十一年（1692年）刊本	《中国丛书目录及子目索引汇编》	不分卷，半页7行，行20字
康熙五十五年（1716年）刊本	故宫博物院	不分卷，半页7行，行20字
	南京图书馆	

《名花谱》版本源流如上表所示，由此可见，《名花谱》至少有3个版本，康熙元年日抄本最早，康熙五十五年刊本为现今流行本。

① 故宫博物院编《故宫珍本丛刊》第468册，海口：海南出版社2000年版，第340~375页。

② 故宫博物院编《故宫珍本丛刊》卷首，海口：海南出版社2000年版，第81页。

③ 〔清〕沈赋《名花谱》，《四库全书存目丛书》第0594册，子部第82册，济南：齐鲁书社，1997年版第361~395页。

三、作者考及作品辑佚

关于作者，故宫博物院藏本《名花谱》只有"西湖居易主人论定"的信息。《四库全书总目·名花谱》提要亦云："旧本题西湖居易主人撰，不著名氏。"①《四库全书总目》编成于乾隆四十六年（1781年），说明编者所见《名花谱》和故宫博物院藏本一样，皆无作者信息。据前推测，至迟于1689年之前，《名花谱》已被传到日本，日抄本是最早的《名花谱》版本，所以按日抄本扉页所题，《名花谱》的编撰者为"沈赋"应当没有问题。

关于沈赋的生平资料极为罕见。可以确定的是，"沈赋，字相如，钱塘人"②。他所生活的时代主要在顺康年间，他的作品除《名花谱》有确切的撰写时间（1662年）外，另一篇属名于他的文章《杏花村怀古有序》，可以确定作于康熙十四年（1675年）。该序文末写道"时乙卯天中节后二日"③，即此年。沈赋应颇有才情，其同时代文人夏基④《西湖览胜诗选》介绍他说："相如才情横溢，句句从尘土中洗出，拟之唐人，当是元和、大历间佳士。"⑤对照《名花谱》的语言特点和风貌，与夏基的评价比较吻合。

沈赋的撰述辑佚如下。

（一）居易堂清课七种（包括《名花谱》）

如前所述，《中国丛书目录及子录索引汇编》著录有沈赋辑"居易堂清课七种"。"居易堂清课七种"还见载于《日本见藏中国丛书目初编》。据该书目所示，日本有两个刊本。其一为"清康熙元年（1662年）序刊本"，馆藏于东京大学图书馆，题名"清课七种"。其二为"清康熙三十一年（1692年）序刊本"，馆藏于内阁文库。⑥

---

① 《四库全书存目丛书》影印《名花谱》卷末附《四库全书总目·名花谱》提要，济南：齐鲁书社1997年版，第395页。
② 〔清〕阮元《两浙輶轩录补遗》卷二，清嘉庆刻本。
③ 〔清〕郎遂《（康熙）杏花村志》卷六，清康熙二十四年（1685年）刻本。
④ 〔清〕冯金伯《国朝画识》（清道光刻本）卷五"夏基"条载："夏基，字乐只，江南徽人。侨寓湖滨，能诗工画，旷然有高世之志。《今世说》。"一说为杭州人。见载于《清文献通考》卷二二四"经籍考"，《影印清文渊阁四库全书》本。
⑤ 〔清〕阮元《两浙輶轩录补遗》卷二，清嘉庆刻本。
⑥ 李锐清编著《日本见藏中国丛书目初编》，杭州：杭州大学出版社1999年版，第420页。

（二）著作《湖上草》《易箦》

清郎遂《（康熙）杏花村志》卷六载："沈赋，相如，钱塘人。所著有《湖上草》《易箦①》，时付之燕台侯岳庵。"②《湖上草》或许为诗集。两书的具体性质和内容皆不详。

（三）散见诗文

沈赋的诗文作品存世不多，辑佚四首如下。

1.《杏花村怀古有序》，载于《（康熙）杏花村志》

郎子赵客，秋浦才人也，余神交者数载于兹矣。去年夏，胡子芙厢为郎仲久隐君乞言于余，已属管城纪其略，以报赵客。秋九月，胡子复手赵客征诗启，索余杏花村题咏。嗟呼！杏村为杜牧轶事，余何人也，敢尔继响！于是不复搁管。今年春，偶过池阳，欲访酒垆旧迹，桑柘遗踪，且得与赵客倾倒以惬素心。奈鞍马倥偬，不获如愿，仅一望杏花村。路惟有长堤烟草、短径荆扉而已，怆然往昔，感生于怀，遂成小咏，就正良朋，并藉此以代谋面，爰托胡子付之邮筒。时乙卯（1675 年）天中节后二日。

神游几度杏花村，今日看山到荜门。

陌上盈盈芳草色，春风过处马蹄轻。

遥忆当年村外路，缤纷红雨应无数。

只今空对夕阳留，烟光漠漠知何处。

太守流风继者谁，牧童犹是杏花西。

才名徒结千年想，我来未敢再题诗。

秋浦楼前信宿返，斜阳道上春风晚。

---

① 易箦是一个典故。箦，竹席。易箦指曾子病危时，因席褥为季孙所赐，自己未尝为大夫，而使用大夫所用的席褥，不合礼制，所以命人换席，更换后，反席未安而死。典出《礼记·檀弓》上。后遂比喻人之将死。

② 〔清〕郎遂《（康熙）杏花村志》卷六，清康熙二十四年（1685 年）刻本。

今之视昔已如斯，后之视今当更远。①

"郎子赵客"指郎遂（1654—约1739年），字赵客，号西樵子，池州（唐代称秋浦郡）人。20岁（1674年）起开始编纂《（康熙）杏花村志》。"郎仲久隐君"为郎遂祖父。由序言可知，沈赋与郎遂为神交之友，1674年夏，曾为郎遂祖父做传记。当年"秋九月"，郎遂在编纂《杏花村志》之初曾向沈赋征集杏花村诗，沈赋婉拒。1675年春端午节后两日，沈赋偶过池阳，感生于怀，做《杏花村怀古》七绝四首，以付郎遂。

2.《山中夜雨怀柯青来》，载于《两浙辀轩录补遗》

晚雾依山宿，行云傍树数。已知晴雨变，其奈友朋孤。
风过花轻薄，钟残梦有无。寂寥当此际，永夜独愁吾。②

"柯青来"或是其友人，其人不详。

3.《登灵鹫峰》，载于《两浙辀轩录补遗》

不尽登临兴，携筇独往还。风铃摇古殿，好鸟乱晴山。
秋带枫林老，人随屐齿闲。自怜憔悴客，那复旧时颜。③

"灵鹫峰"，指杭州灵隐寺前的飞来峰

4.《西湖竹枝词》，载于《西湖志》卷四一

湖心一点是孤山，郎去看花何日还。
山孤近有侬为伴，山花不比去年颜。④

---

① 〔清〕郎遂《（康熙）杏花村志》卷六，清康熙二十四年（1685年）刻本。
② 〔清〕阮元《两浙辀轩录补遗》卷二，清嘉庆刻本。
③ 〔清〕阮元《两浙辀轩录补遗》卷二，清嘉庆刻本。
④ 潘超、丘良任、孙忠铨等编《中华竹枝词全编》第4册，北京：北京出版社2007年版，第200页。

由以上辑存沈赋的诗文来看，沈赋诗多咏西湖风物，文笔轻灵，情感诚切。

四、内容特点

《名花谱》全书主要分为两大部分，第一部分列名花 73 种，名木 10 种，名草 9 种，合计 92 种。第二部分为花诀，即瓶花诀、盆种诀和十二月花木诀。每一种花木的著录内容详略不一，详细的包括该种花卉的性状、掌故、艺文及养植方法。

《名花谱》所取资的前代文献应有《花史左编》《群芳谱》《汝南圃史》《遵生八笺》《致富奇书》《竹屿山房杂部》《农政全书》等。如《名花谱》有"十二月花诀"，考查此前文献，只有《花史左编》有此花诀，《名花谱》的这一部分应是很大程度上参考了《花史左编》。当然《名花谱》也不是对《花史左编》完全照录，而是有所修订。这里仅以"十二月花诀"中的正月为例，将其差异列表如表 2 所示。

表 2　《名花谱》与《花史左编》差异（以十二月花诀之正月为例）

书　名	扦插	移　植	接　换	压条	下　种
《花史左编》	香	（空）	梅花、桃花杏花、李花宜雨水后	（空）	茄
《名花谱》	木香	竹秧兹月自朔暨晦，杂树俱可移。惟生果者，及望而止。过望移，则少实矣	梅树、桃树杏树、李树柿树、栗树	海棠	早茄、胡桃薏苡、王瓜

上表"移植"列中"兹月……则少实矣"是《花史左编》所没有的，《名花谱》的修订应是参考了明代徐光启的《农政全书》或元代《农桑辑要》之类的农书。如徐光启《农政全书》卷三七引崔寔（引者补充：《四民月令》）的说法写道："自朔暨晦，可移诸树（竹、漆、桐、梓、松、柏杂木）。惟有果实者，及望而止。过十五日，则果少实。"其他增加的部分，

也都有所依据，如正月移植竹秧的做法，在明人徐石麒《花佣月令》中就有明确记录①。

《名花谱》兼有类书、农书、本草及文学读物等多重属性，主要特点是实用，特别适合案头阅读，还可指导人们养植花卉。其实用性主要体现在以下几个方面。

1. 体例简洁、实用

《名花谱》以花名为纲，各类名花、名木、名草由主而次联列而下，分类清晰。名花以梅花为首，其次是兰花、莲花、桂花等73种。名木以松为首，其次是竹、柏等10种。名草以翠筠草为首，其次是凤尾草、连钱草等9种。若要检索某一花卉，只要按大类依次查找即可。而类似的花卉文献如明代王路《花史左编》，则不易检索，该文献全书24卷，分别为花之品、花之寄、花之名、花之辨、花之候、花之瑞、花之妖、花之宜、花之情、花之味、花之荣、花之辱、花之忌、花之运、花之梦、花之事、花之人、花之证、花之妒、花之冗、花之药、花之毒、花之似、花之变，某一花卉的内容分散于以上各部分之中，故很难迅速查找到某一花卉的全部内容。

2. 内容丰富、实用

首先，所收知名花卉品种十分丰富。很多花卉文献意在求多、求全，如《全芳备祖》列名的花、草、木有166种，《花史左编》"花之名"120种，《群芳谱》中木谱、花谱、卉谱共列108种。《名花谱》意不在求全，重在择优，但大多数名花、名木、名草品种都被收罗在内，合计92种。花卉爱好者总能在其中找到自己喜爱的花卉。其次，罗述内容十分丰富。有的花卉文献重视掌故和艺文，如《全芳备祖》；有的重视性状、品种和养植技术，如《汝南圃史》。而《名花谱》兼顾性状、掌故、艺文和培植方法，使读者可以获得较为丰富的文史和栽培知识。个别花卉，编者沈赋还提供了独特的培植方法，如芙蓉瓶花："折花养瓶，入水即萎，入汤复鲜。""汤"指热水，这是烫枝法。这一方法无论是明代袁宏道的《瓶史》，张谦德的《瓶花谱》，还是今之学者编著的关于荷花方面的著作，如王其超、张行言等所著《荷花》、张义君编著的《荷花》，都没有提到这一保鲜方法。但不少养花者验证这一方法确实是行之有效的。

---

① 〔明〕徐石麒《花佣月令》，清光绪《传砚斋丛书》本。

3. 文笔优美，可读性强

《四库全书总目·名花谱》提要称《名花谱》"杂抄《群芳谱》之类而成"。《名花谱》在养植方法上确实借鉴了此前的花卉文献，但绝不是简单的"抄"，而是以自己的审美情趣加以拣择、提炼、精心组织语言，反映出了作者独有的才情，是典型的文人之文。首先，语言风格简淡、清丽、隽永，描述花卉性状，骈散结合，落笔触处生春，读之使人口齿留香。如描述菊花写道："春抽苗，秋绽蕊，皆正色丽容，而绝无妖媚之色。岁寒挺秀，傲睨风霜，有幽人逸士之操，故石湖品类，以菊比之君子。"其次，描述花卉掌故、艺文方面，尽量使用排比等修辞手法，读来朗朗上口。如描述梅花写道："梅自汉之上林、魏之曹林、晋之江南、隋之罗浮，俱以仙姿玉魄，珍重一时。如林和靖'疏影横斜水清浅，暗香浮动月黄昏'，写梅之风韵；高季迪'雪满山中高士卧，月明林下美人来'，状梅之精神；杨铁崖'万花敢向雪中出，一树独先天下春'，道梅之丰骨。"第三，沈赋描述植物，多是以审美的眼光，把它们作为文人"清赏""清供"去观照，《名花谱》中"可爱""可人"这样的字眼十分常见。如盆种诀中讲莲花盆种之要诀，前面讲科学知识，但言至最后非常自然地加了一句"翻风可爱"，体现了沈赋审美的写作态度。《名花谱》中常以画境喻花，两次将花林之意境比之元代画家倪瓒（号云林子）画作的意境，如描述竹林写道："亭榭植此，则青翠萧森，秀色欲滴。罗罗清疏，如云林之画。"

《名花谱》也有两个缺点。第一个缺点是校订不严，出现了以下两类错误。有时引用古人诗文语言不够精确，如引用杜牧的诗"燕坐枫林晚，红于二月花"，实际此诗应是"停车坐爱枫林晚，霜叶红于二月花"。有时将《花史左编》的错误知识点直接借鉴了过来。如海棠，秦观赋海桥海棠词的典故在宋代并未提及海棠有香味，而《花史左编》说有香味，《名花谱》就直接照录，并没有经过严格的考订。当然，以上这两类错误只是个别情况，并不多见。第二个缺点是"所言种植之法、挂漏不详"。《名花谱》语言特点是简洁，所以在养植之法上，省略了一些细节。例如牡丹种植法在《名花谱》中是这样写的："栽宜八月社前，或秋分后三二日。移种壅土，不可太高且实。以水浇之，满台方止。次日又浇，土凹处，又铺泥平之，花必繁矣。"明人高濂的《遵生八笺》则写得更为详细，"栽宜八月社前，或秋分后三两日。若天气尚热，迟迟亦可。将根下宿土缓缓掘开，勿伤细根，以渐至近。每本用白蔹细末一斤（一云硫黄），脚末二两，猪脂六七两，拌土壅入根窠，填平。不可太高，亦不可筑实。脚踏填土完以雨水或河水浇之，满台方止。次日土低凹又浇一次，填补细泥一层。若初种不可太密，恐花时风鼓，互相抵触，损花之荣。此为种花之法也"①。详细的方法说明，对于养植花卉的人来说确实是很有帮助的。不过《名花谱》基本上把最主要的养植要点都罗述了出来。

总之，《名花谱》体例简明、知识丰富、文笔优美，对于读者而言，无论是赏花还是养花都十分实用。

五、流传及影响

《名花谱》在清、近代较有影响。《四库全书总目》《清文献通考》《（乾隆）杭州府志》都有著录。《四库全书总目》卷一一六："《名花谱》一卷。两淮盐政采进本。旧本题西湖居易主人撰，不著名氏，亦无序跋。其书杂钞《群芳谱》之类而成，盖近人作。所列凡九十二种，而附以瓶花诀、盆种诀、十二月花木诀。所言种植之法，挂漏不详，间附故实，尤冗杂无绪。观其开卷叙梅一段，字句凡鄙，引用谬误，不过粗识文义之人偶然钞录成册耳。"《清文献通考》卷二二九"经籍志"载："《名花谱》一卷，旧题西湖居易主人撰，不著名氏。"《（民国）杭州府志》卷八八著录内容与《清文献通考》相同。

《名花谱》至迟于1698年传到了日本，在日本影响也较大，被其它本草类书籍所引用。其一为前揭日本贝原益轩（1630—1714年）所著《花谱》②。其二为《古事类苑》③。《古事类苑》是明治时代（1868—1912年）编修的一部百科全书，其中引用了《名花谱》10条信息。

最后需要说明的是，本书以故宫博物院藏康熙五十五年（1716年）清刻本《名花谱》为底本，以南京图书馆藏清刻本及日本国立国会图书馆藏日本学者抄录的康熙元年（1662年）日抄本为参校本，以明清花卉文献为参证，进行了标点、校注、翻译等工作。

---

① 〔明〕高濂《遵生八笺》卷一，明万历刻本。
② 〔日〕贝原益轩《花谱》，永原屋孙兵卫［ほか］1698年刊本。
③ 〔日〕神宫司厅《古事类苑》出版事务所编《古事类苑》，神宫司厅1914刊本。

目录

〔明〕项圣谟 绘

名花谱

梅花

001

　　梅自汉之上林[1]、魏之曹林[2]、晋之江南[3]、隋之罗浮[4]，俱以仙姿玉魄，珍重一时。如林和靖[5]"疏影横斜水清浅，暗香浮动月黄昏"[6]，写梅之风韵；高季迪[7]"雪满山中高士卧，月明林下美人来"[8]，状梅之精神；杨铁崖[9]"万花敢向雪中出，一树独先天下春"[10]，道梅之丰骨。宋广平[11]所以比之何郎[12]、韩寿[13]，未敢作定评也。他如红梅、紫蒂[14]、绿萼[15]、照水[16]、玉蝶[17]，冬青所接青梅[18]，练树[19]所接黑梅[20]，皆奇品也。至腊梅[21]，本非梅种，以其香韵相似，故名其花。惟磬口[22]者，最佳。

梅妃[23]性喜梅，所居植梅数十树，榜曰"梅亭"。

寿阳公主[24]卧含章殿[25]下，梅花落额上，成五出之花，拂之不去，宫人效之，作"梅花妆"。

袁丰宅后有六株梅，叹曰："冰姿玉骨，世外佳人，恨无倾城[26]笑耳。即使妓秋蟾比之云，可与并驱争先。"

张功甫[27]于堂前种梅三百本，花时辉映，夜如对月，因颜曰"玉照堂"[28]。

陈郡庄氏女，好鼓琴，每弄《梅花曲》，闻者皆云有暗香。

注释

〔1〕上林：汉朝宫苑名。上林苑中植有梅树。东晋葛洪编集的《西京杂记》卷一载："（汉）初修上林苑，群臣远方，各献名果异树，亦有制为美名，以标奇丽。……梅七：朱梅、紫叶梅、紫华梅、同心梅、丽枝梅、燕梅、猴梅。"

〔2〕曹林：曹操所指的梅林。南朝宋《世说新语·假谲》篇载："魏武（曹操）行役，失汲道，军皆渴，乃令曰：'前有大梅林，饶子，甘酸，可以解渴。'士卒闻之，口皆出水，乘此得及前源。"

〔3〕江南：两晋南北朝时，江南梅树遍布，为士人爱赏，南朝宋盛弘之《荆州记》载："陆凯与范晔相善，自江南寄梅一枝诣长安与晔，并赠诗曰：'折花奉驿使，寄与陇头人。江南无所有，聊赠一枝春。'"

〔4〕罗浮：指罗浮山，位于今广东惠州市，山上有梅花村。苏轼咏罗浮山梅花云"松风亭下荆棘里，两株玉蕊明朝暾。海南仙云娇堕砌，月下缟衣来扣门"（《十一月二十六日松风亭下梅花盛开》）、"罗浮山下梅花村，玉雪为骨冰为魂"（《再用前韵》）、"玉妃谪堕烟雨村，先生作诗与招魂"（《花落复次前韵》）。宋人受苏轼诗境启发，抟合编造成隋朝赵师雄梦遇梅花仙子的故事，即托名柳宗元的《龙城录·赵师雄醉憩梅花下》："隋开皇中，赵师雄遣罗浮。一日天寒日暮，在醉醒间，因憩仆车于松林间，酒肆旁舍，见一女子淡妆素服，出迓（yà）师雄。……久之东方已白，师雄起视，乃在大梅花树下，上有翠羽啾嘈相顾，月落参横，但惆怅而已。"

〔5〕林和靖：即林逋（968—1028），字君复，宋真宗朝著名隐士。《宋史》有传，史载"性恬淡好古，弗趋荣利……结庐西湖之孤山，二十年足不及城市……仁宗赐谥'和靖先生'"。林逋酷爱梅花，孤山居处植有梅树，朝夕吟咏，今存咏梅诗七律八首，被称作"孤山八梅"。其中《山园小梅二首（其一）》尤为脍炙人口。

〔6〕"疏影横斜水清浅，暗香浮动月黄昏"：出自林逋《山园小梅二首（其一）》。原诗："众芳摇落独暄妍，占尽风情向小园。疏影横斜水清浅，暗香浮动月黄昏。霜禽欲下先偷眼，粉蝶如知合断魂。幸有微吟可相狎，不须檀板共金樽。"此联一方面凸显了梅枝条畅秀拔的枝影美，曲尽梅之体态；另一方面，由于水、月的烘托，梅花清雅、疏淡、幽独、冷静的意趣更加突出。

〔7〕高季迪：即高启（1336—1373），字季迪，自号青丘子，长洲（今江苏苏州）人，元末明初著名诗人，与刘基、宋濂并称"明初诗文三大家"。曾作《梅花九首》，写出了梅花超尘绝俗的气质。

〔8〕"雪满山中高士卧，月明林下美人来"：出自高启《梅花九首》其一。原诗："琼姿只合在瑶台，谁向江南处处栽？雪满山中高士卧，月明林下美人来。寒依疏影萧萧竹，春掩残香漠漠苔。自去何郎无好咏，东风愁寂几回开。"两句分别用了典故，上句是袁安卧雪，下句为赵师雄罗浮梦遇梅仙事。此联用拟人的手法，把梅比拟为雪中高士和月下美人，凸显了梅花不畏严寒的节操、幽雅高洁的神韵。

［9］杨铁崖：即杨维桢（1296—1370），字廉夫，诸暨（今浙江诸暨）人，元末明初著名诗人。他的父亲为他筑楼于铁崖山中，绕楼植梅百株，聚书数万卷，拿走梯子，让他在楼上静心读书凡5年，故自号铁崖、梅花道人。

［10］"万花敢向雪中出，一树独先天下春"：杨维桢咏梅散句，道出了梅花不畏风雪严寒、坚贞不屈、敢为天下先的风骨和气节。

［11］宋广平：即宋璟（663—737），邢州南和（今属河北邢台）人，祖籍广平，后世常称宋广平，唐玄宗开元年间名相。宋璟尚未显贵时，以《梅花赋》获得当世名流苏味道的称赏，叹为"王佐才"，由此知名。宋璟《梅花赋》原作已佚，宋末元初刘壎《隐居通议》所载《梅花赋》是宋人伪作，托宋璟之名。该赋多用美男比喻梅花，如"琼英缀雪，绛萼著霜，俨如傅粉，是谓何郎；清香潜袭，疏蕊暗臭，又如窃香，是谓韩寿"，用"何郎""韩寿"分别比喻梅花粉白之色和清幽之香。

［12］何郎：指三国时魏国何晏，因其面容白皙，如同傅粉，人称"傅粉何郎"。南朝宋《世说新语·容止》篇载，魏明帝疑心何晏面容白洁是搽了妆粉，有心试探一番。当时正值夏天，便赏他热汤面喝。不一会儿，何晏大汗淋漓，以衣袖擦汗，擦完后脸色更加莹润光洁了。魏明帝这才相信何晏并未傅粉。

［13］韩寿：晋朝美男子。南朝宋《世说新语·惑溺》篇载，贾充家有御赐异香，其女贾午与韩寿私通，韩寿身染异香，遂被发觉，后与贾午成婚。此后遂有"韩寿窃香"的典故。

［14］紫蒂：梅花品种，见于东晋葛洪编集的《西京杂记》。

［15］绿萼：梅花中的名贵品种，因其梅蒂、花萼和枝梗皆为青绿色而得名。见载于南宋范成大《梅谱》。绿萼梅白花，重瓣，花开季节成片的白花青梗相映，一片晕染朦胧的嫩白浅绿，如碧玉翡翠妆点的世界，煞是清妙幽雅，古人喻为"绿雪"。

［16］照水：梅花品种，又名映水梅、玉梅。古代徽州《新安志》描述，其花重瓣，层层叠叠。开花后，花枝横斜下探，如美人照水，故名照水梅。

［17］玉蝶：梅花中的名贵品种。白花，重瓣，花头丰缛，花心微黄。

［18］青萼：指黑梅。清人陈淏子《花镜》卷二"接换神奇法"条写道："白梅接冬青或楝树上，即变黑梅。"

〔19〕练树：又作苦练树，即楝树。

〔20〕黑梅：即墨梅。明人高濂《遵生八笺》卷一六、王路《花史左编》卷四都写道："有练树接成墨梅，皆奇品也。"

〔21〕腊梅：即蜡梅，隶属于蜡梅科蜡梅属，其花黄色，蜡质，光泽莹润，色如黄色蜜蜡，故名蜡梅。蜡梅常于腊月盛开，因此又被称作腊梅。我们通常所说的梅属蔷薇科杏属，故蜡梅与梅不是同一类植物。

〔22〕磬（qìng）口：即磬口梅，蜡梅的名贵品种。其花稀疏地点缀于枝间，花五瓣，虽盛开，常半含，形似僧人磬钵之口，故名磬口梅。因其花瓣深黄，花心紫檀色，香气浓郁，又名檀香梅。

〔23〕梅妃：传说其名江采蘋，莆田（今福建莆田）人，唐玄宗宠妃。酷爱梅花，玄宗戏称之为梅妃。古人《梅妃传》云："性喜梅，所居栏槛悉植数株，上榜曰'梅亭'。梅开赋赏，至夜分尚顾恋花下不能去。上以其所好，戏名曰'梅妃'。"

〔24〕寿阳公主：南朝宋武帝刘裕的女儿。

〔25〕含章殿：南朝宋时宫殿名。梅花妆事见载于唐白居易《白氏六帖》、宋初《太平御览》等类书。

〔26〕倾城：指美人，即女子容貌妍丽，使一城之人为之倾倒。西汉李延年乐府诗云："北方有佳人，绝世而独立。一顾倾人城，再顾倾人国。"

〔27〕张功甫：即张镃（1153—1212），字功甫，号约斋，先世成纪（今甘肃天水）人，寓居临安（今浙江杭州）。他出身显赫，是南宋名将张俊的曾孙，宋末"清空"派词人张炎的曾祖，可以说是张氏家族由武功转向文阶过程中的重要环节。张镃能诗善词，平生喜好风雅，乐于结交，常与朝廷政要、学界巨擘，尤其是文坛名流聚会宴游，如史浩、周必大、朱熹、陈傅良、叶适、陆游、杨万里、范成大、辛弃疾、姜夔等均与之往来唱酬。

〔28〕玉照堂：是张镃在临安的别墅。张镃在临安东北隅构建别墅，占地约百亩，广植梅树，称"玉照堂"。建成后，名公雅士如杨万里、陆游、尤袤、周必大、姜夔等，纷至游赏，题品揄扬，成了当时西湖孤山之外最著名的赏梅胜地。

译文

　　无论是汉朝上林苑的梅花，还是曹操所说的梅林，还是晋朝江南、隋代罗浮山的梅花，都以其如仙似玉的姿容和气质，为世人所倍加珍重。譬如北宋诗人林和靖"疏影横斜水清浅，暗香浮动月黄昏"一联，写出了梅花疏静、清幽的风韵；元末明初诗人高启"雪满山中高士卧，月明林下美人来"一联，表现出了梅花超迈、高洁的精神；元末明初诗人杨铁崖"万花敢向雪中出，一树独先天下春"一句，道出了梅花清贞、果敢的丰骨。唐代宋广平将梅花比作美男子何郎与韩寿，这样比喻是否恰当，不容易作确定的评价。梅花中的红梅、紫蒂梅、绿萼梅、照水梅、玉梅，以及用冬青嫁接的青梅、用楝树嫁接的黑梅，都是梅花品种中的奇品。至于说腊梅，本来和梅花不是同一科属，因为它的香气和韵味都与梅花相似，因此也被称作梅。腊梅中只有罄口梅这一品种，色、香、姿、韵最佳。

　　梅妃天性喜爱梅花，她的居所种植了几十株梅树，门匾上题字曰"梅亭"。

寿阳公主在含章殿休憩，一朵梅花飘落在她的额头上，舒展成五瓣的花样，拂拭不掉。宫女们争相效仿，时人称之为"梅花妆"。

袁丰的宅院后面有六株梅树，他慨叹道："梅树有冰清玉洁般的清姿与风骨，堪比世外佳人。遗憾的是没有美人的倾城之笑罢了。纵使歌妓秋蟾与之相比，也仅仅可以与梅并驱争美。

张功甫在堂前种了三百株梅树。梅花盛开时，花色莹洁，相互辉映。夜晚赏梅，如与皎洁的明月相对，因此题额曰"玉照堂"。

陈郡庄氏的女儿，喜好鼓琴，每弹奏起《梅花曲》，听的人都说好像有暗香随着旋律飘散开来。

兰花

幽香清远，无人自芳，古人谓之"王者香"[1]。花有数品，玉梗青花者为上，紫梗[2]青花者次之，青梗青花者又次之，余不得入品。种时，宜于梅雨[3]后。将山土，以火煅[4]之。取出捶[5]碎，铺以皮屑[6]，纳盆缸[7]中，二八月分[8]。

建兰[9]

茎叶肥大，翠劲可爱。若非原盆，必用山土栽。取脚缸盛水中间。恐蚁伤根，水须日换。叶生白点，谓之兰虱。以鱼腥水[10]，洒之即净。夏月，用酱豆汁浇之，则花茂。

兴兰[11]

即蕙草[12]也。其叶长杭兰大半，其花后于杭兰。种时，盆下用细沙，上用松土，无不花者。

杭兰[13]

有紫若胭脂而黄心者，有白若羊脂而黄心者，香色可爱。须觅大本，根内无竹钉者，取横山[14]黄土，拣[15]去石块，种之，培以鹿粪，来年花最盛。

风兰[16]

种小似兰，枝干短而劲。不用砂土，取竹篮贮之，悬于有露处，朝夕洒水。欲花茂则以乱发衬[17]之。此兰能催生，妇人分娩，挂之房栊[18]，为妙。

箬兰 [19]

其叶如箬 [20]，四月中开紫花，形似兰不香，而色可爱。大都产阴谷中，羊山、马迹 [21] 诸山，多有之。

注释

[1] "王者香"：语出东汉蔡邕《琴操·猗（yī）兰操》："（孔子）自卫反鲁，过隐谷之中，见芗兰独茂，喟然叹曰：'夫兰为王者香，今乃独茂。'""王者香"指兰在花国中以香称王，是香气最为浓郁的花卉。

[2] 梗：草本植物的茎。

[3] 梅雨：指初夏江淮流域持续时间较长的阴雨天气，因正值梅子黄熟，故称梅雨。

[4] 煅（duàn）：放在火中烧。

[5] 捶（chuí）：用棒敲打。

[6] 皮屑：指各种谷物、木料、皮毛的碎屑。底部铺以皮屑是为了增强土的透气性和排水性。

[7] 缶：古代一种小口大腹的盛酒瓦器。

[8] 分：分株，兰花繁殖的传统方法，将兰花的假鳞茎根据芽的多少分成若干部分，分株后的新株各自独立生长。兰花的繁殖方法可分为无性繁殖和有性繁殖。无性繁殖是采用分离营养体进行繁殖的一种方法，如分株、扦插和组织培养。有性繁殖又称种子繁殖。无性繁殖是兰花繁殖的传统方法。

[9] 建兰：兰的著名品种之一，原产福建，故名。叶片丛生，较为宽厚，有光泽。花茎直立，常低于叶面，多为浅黄绿色，也有红斑或褐斑。花期多在7—8月，有些品种自夏至春初多次开花，故又称四季兰。

[10] 鱼腥水：洗鲜鱼的血水。此说见于清代汪灏等编纂的《广群芳谱》。

[11] 兴兰：江苏宜兴所产的兰花，兰的品种之一，又名蕙兰、九节兰。明代文震亨《长物志》卷二《花木·兰》载："兰出自闽中者为上，……出阳羡山中者，名兴兰。"阳羡即今江苏宜兴。叶长25～80厘米，宽约1厘米，茎叶直立性强，基部常对摺，横切面呈"V"形，边缘有粗锯齿，中脉显明，有透明感。花茎直立，高出叶面，浅黄绿色。花期为3—5月。

〔12〕蕙草：即蕙兰。

〔13〕杭兰：此兰唯杭州有，故名杭兰。花和建兰相似，一干一花，花朵比建兰稍大。

〔14〕横山：山名，在杭州。《（民国）杭州府志》载，横山在钱塘县皋亭山西面，俗呼马鞍山。

〔15〕拣：同"捡"。

〔16〕风兰：兰的品种之一，又名风兰、桂兰、发兰、吊兰。据明人蕈溪子《兰史》"风兰"条载，风兰产于浙江温州和台州的山中，花白色微黄，和兰花相似而略小些，茎长三寸。有一种花呈红色而黄边，花心紫粉色为最佳品种，产于闽粤。风兰不需要土就能生长，只要悬挂于屋檐前不受日光照射的地方就可以。因为它喜欢风，故名风兰。

〔17〕衬：即壅，以头发当土或肥料培在植物的根部。明人蕈溪子《兰史》"风兰"条载："壅之以发，故名发兰。"

〔18〕栊：窗上槛木；窗户。

〔19〕箬兰：兰的品种之一，又名朱兰、白及等。

〔20〕箬（ruò）：一种竹子，叶大而宽，可编竹笠，又可用来包粽子。

〔21〕羊山、马迹：皆在浙江定海县，《（雍正）浙江通志》卷二二"定海县"载，"马迹、羊山、大衢诸山皆孤悬海面"。同书又引《两浙海防类考》写道："羊山屹立大海，东窥马迹，西应许山，南援衢洋，北控大小七山。"

译文

兰，幽香清远，即使无人欣赏，也静静绽放，散发诱人的芳香，古人称之为"王者香"。兰有多个品级，白梗、青绿色花瓣的为上品，紫梗、青绿色花瓣的品级次之，青梗、青绿色花瓣的品级又次之，其余的种类都不入品级。种植兰，最好在梅雨季节之后。将山上的土，放在火中烧制。取出，将土块捶碎。先将皮屑铺在盆或缶的底部，再倒入碎土。二月或八月分株。

【建兰】 建兰的茎和叶比较肥厚、硕大，显得青翠挺拔，十分可爱。如果不是原盆，移栽时一定要用山上的土。取来脚缸，将水填至半缸。如果担心蚂蚁啮食花根，应当每天换一次水。茎叶上长出的白色斑点，那是被称作兰虱的寄生虫。只要用洗鱼的水轻轻洒在茎叶上，就干净了。夏天，用酱豆汁浇洒，那么花会开得十分茂盛。

【兴兰】 兴兰即蕙兰。它的叶子比杭兰长一大半，花期晚于杭兰。种植时，先用细沙土铺在盆底，上面再盖上蓬松的粒状土，如此这样，没有不开花的。

【杭兰】 杭兰中有花瓣紫若胭脂、花心为黄色的，有花瓣白若羊脂、花心为黄色的，香气和色泽都十分惹人喜爱。种植时，要选择根比较粗大，且根内没有竹钉的；然后取来横山的黄土，把石块捡出，再种上兰；最后施上鹿粪。照这样去做，第二年花开得最茂盛。

【风兰】 风兰的种子很小，与兰相似。枝干短小而劲健。种植时不用砂土，取一竹篮，将风兰置于其中，悬挂在有露水的地方，每天早晚洒水。想要花开茂盛，可以用乱头发丝培在根部。此兰能催生，妇人分娩时，把风兰挂在房间窗户处，会有妙用。

【箬兰】 箬兰的叶片如同箬竹。花在四月中盛开，紫色。花瓣形似兰花，但不香，色泽可爱。箬兰大都生长于阴谷之中，浙江定海县的羊山、马迹山，颇多。

分法

九月〔1〕节分栽，用竹片挑剔〔2〕泥松，不可伤根。十月花已胎孕〔3〕，不可分，否必损花矣。

栽法

盆底，先覆〔4〕以粗碗，次铺桴炭〔5〕，然后用泥盖炭上。栽之，糁〔6〕泥壅〔7〕根，不可以手捺〔8〕实，否则根不舒、叶不发，花亦不繁矣。干湿依时浇灌，不可使蚁蚓入伤花根。盆以架起，透风为佳。

浇水法

或河水、池塘水、积雨水、皮屑、鱼腥水，都佳。独不可用井水，以性冷故也。浇时，须着泥匀灌，不可从上浇下，以致坏叶。叶黄，用苦茶浇之。

安顿灌溉法

春月无霜雪时，放盆在露天，四面皆得浇水。日晒不妨。逢暴雨恐坠其叶，以小绳束之。如连雨，须移避通风〔9〕处。四月至八月，须用疏密得所，篾篮遮护，容见日气①。梅天大雨，须移阴处，恐雨过即晒，泥热伤根。花开时，枝上蕊多，去在瘦小，若留开尽，则夺来年花信。冬月，当以密篮护之，安顿南窗下，须三日一番，旋转取其日晒均匀，则四面皆花。

去除虫法

肥水浇花，必有虮〔10〕虱生叶底，坏叶〔11〕则损花。当研〔12〕大蒜，和水，以白笔拂洗之，虫自无矣。

培兰四戒〔13〕

春不出，夏不日，秋不干，冬不湿。

校勘

① "疏密得所"后原无字，但语意未完。此据明人高濂《遵生八笺》卷一六校补。

注释

〔1〕九月：兰花的分株最好在休眠期进行，即新芽未出土、新根未生长之前，或花后的休眠期。早春开花的种类，应在花后或秋季分株，也就是此处所说"九月节分栽"。

〔2〕剔：挑，拨。

〔3〕胎孕：孕育花苞。

〔4〕覆：翻转。此指碗口朝下，翻扣。

〔5〕桴（fú）炭：即浮炭。一种松软易燃的木炭，它的质地较轻，能浮于水，故称浮炭。南宋陆游《老学庵笔记》写道："浮炭者，谓投之水中而浮，今人谓之桴炭。"

〔6〕糁（sǎn）：本义为米粒，这里作动词，为"洒，散落"之意。

〔7〕壅（yōng）：本义为阻塞，这里指用土或肥料培在植物的根部。

〔8〕捺（nà）：掀；按。

〔9〕通风：据吴应祥所著《兰花》介绍，兰花喜欢通风良好的环境。通风可以促进兰花的呼吸、新陈代谢和光合作用，可以免除或减轻病虫害的发生。区金策认为通风是养兰最重要的事，他在《岭海兰言》中写道："养兰以面面通风为第一义。"

〔10〕虮：虱子的卵。

〔11〕坏叶：腐烂的叶子。腐烂的败叶易产生乙烯，使未凋萎的花朵提早衰败，所以有腐叶败花时要及时清理。

〔12〕研：细磨。

〔13〕戒：戒律。宋代鹿亭翁《兰易》称"又曰'春壅、夏灌、秋阴、冬晒'"，与译文所说四戒大意相同。

译文

【分法】 兰花最好在九月进行分株，用竹片将兰根上团结的泥块轻轻挑拨松动，不要损伤兰根。十月，兰花已孕育花苞，不可进行分株，否则一定会使花芽受到损伤。

【栽法】 先将一粗碗翻扣在盆底，再铺一层浮炭，然后用泥盖在炭上。将分好的兰花植株栽到盆中，洒上像米粒似的碎土培在兰根周围。不能用手将土按压得过于紧实，否则根不舒展，叶芽不易萌发，花也不会繁茂。要按时浇灌，既不能太干，也不能太湿，不要使蚂蚁、蚯蚓之类的小虫进去啃食损伤花根。把花盆架起，使植株透气为好。

【浇水法】 浇水用河水、池塘水、积雨水、皮屑水、鱼腥水，都很好。唯独不可以用井水，因为井水很凉，不适宜浇花。浇时，应当浇在泥上，缓缓均匀浇灌，不可以从上向下浇，浇在花与叶上会损伤叶片。如果叶片变枯黄，可以用苦茶水浇灌。

【安顿灌溉法】 春天，没有降霜飘雪时，将花盆放在露天的地方，四面都得浇水。日晒也没关系。遇到暴雨，担心叶片会被雨水冲刷坠落，因此要用小绳将叶片轻轻束拢。如遇连雨天，必须将花盆移到雨淋不到且通风处。四月至八月，应当用疏密均匀、适宜的竹篮遮护，使花盆既能晒到日光，又能通风。黄梅天气，必须移至阴凉处，否则雨过即晒，恐怕盆中泥土骤然变热，损伤花根。花开时，枝上的花蕊较多，则去掉瘦小的花蕊。若留着等其开到最后，则会影响第二年花开的时间。冬月，应当以密密的竹篮保护它，将其安放在朝南的窗户下。每三日旋转一次花盆的方向，使其均匀地接受日晒，那么四面都会开花。

【去除虫法】　用肥水浇花，一定会有蚜虫在叶底萌生。叶子腐烂了，就会损伤花朵。应当用捣碎研磨成泥的大蒜和水搅拌成汁，用没有蘸过墨的白笔蘸取大蒜汁轻轻拂洗叶面，小虫自然就没有了。

【培兰四戒】　春天不要放在室外，夏天不要过分日晒，秋天不要太过干燥，冬天不要太过阴湿。

〔清〕恽寿平 绘

宋孝宗时，禁中[1]纳凉，多置建兰、茉莉等花。鼓以风轮，清芬满殿，时谓花有吹嘘[2]。

　　黄山谷[3]居保安[4]僧舍，开东牖[5]以养兰，西牖以养蕙，以兰宜令向阳也。

注释

　〔1〕禁中：宫中。门户有禁，非侍御者不能入内，故曰禁中。

　〔2〕吹嘘：吹风。

　〔3〕黄山谷：即黄庭坚（1045—1105），字鲁直，号山谷道人，洪州分宁（今江西修水）人。

　〔4〕保安：即保安军，宋代军事行政区，辖境大概为今陕西志丹、吴旗二县地，属陕西路，1077年属永兴军路，治所即今陕西志丹。

　〔5〕牖（yǒu）：窗户。

译文

　　南宋孝宗时，在宫中纳凉，多放置建兰、茉莉等花。在周围放置风轮鼓风，结果清芬满殿，当时被称作花能吹风。

　　黄庭坚居住在保安军一僧舍中。开东窗养兰，开西窗养蕙。这是由于兰花喜阳光，宜于放置在向阳的地方。

莲花

　　古名芙蕖。凡花有色者多无香，此独色香并绝。出于泥而不染，濯清涟而不妖[1]，花中之禅品[2]也。曾端伯[3]以为净①友[4]，张景修[5]以为禅客[6]，周濂溪[7]以为君子[8]，真夏秋间第一品。红白之外，有四面莲[9]、并蒂莲[10]、品莲[11]、台莲[12]，复有黄莲[13]、墨莲、青莲[14]。以莲子稍磨去顶，浸靛缸[15]中，明年清明取出，种之，花开青色，皆奇种也。又西湖北山韬光庵[16]，有金莲，圆叶小花，浮生水面。柳池有斗大紫莲。

种莲法

　　惊蛰[17]，将大缸底，用地泥[18]一层，筑[19]实；或糁[20]放硫黄[21]、皮屑少许，上用河泥一浅缸。有日晒之，有雨盖之，晒令开裂。至春分[22]日，买壮大河秧，开泥种之。枝头向南，壅好。勿令露出，再晒，雨仍盖之。至清明[23]日，加河水平口，不可加井水。春分前种一日，花在叶上，后种一日，叶在花上。正春分时种，花与叶皆平。

　　晋佛图澄[24]取钵盛水，焚香咒之，钵内生青莲花。

　　昭帝[25]穿[26]琳池[27]，植分枝荷[28]。食之，莲香竟[29]体，宫人争相含嚼。

　　元陶宗仪[30]开荷花，置小金卮[31]于其中，命歌姬捧以行酒[32]。客就姬取花，姬代为分瓣，名"解语杯"（取明皇"何似我，解语花"之意）。

赵王琇，以诸香末筛地上，令飞燕[33]行其上。叹曰："此香莲落瓣也。"

校勘

① "净"，原作"静"，《锦绣万花谷》《全芳备祖》《花草粹编》《花木鸟兽集类》等皆作"净"，此据以上文献改。

注释

〔1〕出于泥而不染，濯清涟而不妖：语出北宋周敦颐《爱莲说》，"于"作"淤"。"于"在文中语意也能通，故此处不改。

〔2〕禅品："禅"在佛教中指静思、静虑。"品"在此处兼有品种、品味和品级之意。"禅品"指气质清远、超凡脱俗的品级。

〔3〕曾端伯：曾慥（？—1155），字端伯，号至游子，晋江（今福建泉州）人，南宋著名文人。曾慥家富藏书，勤于纂集，著述颇为宏富。主要有以下数种：《类说》六十卷、《道枢》四十二卷、《真诰篇》一卷、《集仙传》十二卷、《高斋漫录》一卷、《本朝百家诗选》、《乐府雅词》三卷。

〔4〕净友：曾慥平生好风雅，自命"十友"。《调笑令》云："芳友者，兰也；清友者，梅也；奇友者，腊梅也；殊友者，瑞香也；净友者，莲也；禅友者，蕃蔔也；佳友者，菊也；仙友者，岩桂也；名友者，海棠也；韵友者，荼蘼也。"其中以莲为净友，应当是取其"出淤泥而不染"的洁净、高洁之意。

〔5〕张景修：字敏叔，常州（今属江苏）人。北宋治平四年（1067年）进士，元丰末为饶州浮梁令。历官三朝，两为宪漕，五典郡符。绍圣中，曾知黄岩县。大观元年（1107年），官祠部郎中，时年已近七十。

〔6〕禅客：张景修以十二种花卉为十二客："牡丹，贵客；梅，清客；菊，寿客；瑞香，佳客；丁香，素客；兰，幽客；莲，静客；荼蘼，雅客；桂，仙客；蔷薇，野客；茉莉，远客；芍药，近客。"其中以莲为静客。文中所说"张景修以为禅客"不知从何而来。

〔7〕周濂溪：即周敦颐（1017—1073），字茂叔，号濂溪，道州营道（今湖南道县）人。北宋学者，宋明理学的创始人之一，著有《爱莲说》一文，脍炙人口。

〔8〕君子：周敦颐《爱莲说》称"莲，花之君子者也"。

〔9〕四面莲：荷花品种之一，一梗开四花，两两相对，即一个花头瓣化成四个头的莲花，亦称"四面观音"。

〔10〕并蒂莲：荷花品种之一，一茎生两花，花各有蒂，蒂在花茎上连在一起，荷花中的千瓣莲类，荷中珍品。在古代，人们视并蒂莲为吉祥、喜庆的征兆，善良、美丽的化身。象征男女爱情缠绵或兄弟情同手足。

〔11〕品莲：即品字莲，荷花品种之一，清人陈淏子《花镜》云："一蒂三花，形如品字，不能结实。"

〔12〕台莲：即重台莲，荷花品种之一，清人汪灏所编纂的《广群芳谱》称："一花既开，从莲房内又生花，不结子。"

〔13〕黄莲：黄色的莲花

〔14〕青莲：青色的莲花。瓣长而宽，青白分明，故而佛书中多用来比喻眼目。也借指僧、寺等。

〔15〕靛缸：用靛青染布的染缸。

〔16〕韬光庵：在杭州灵隐寺右之半山，韬光禅师建。

〔17〕惊蛰：二十四节气之一。在公历3月5日或6日，此时正值春天，气温回升，蛰居的动物惊醒，开始活动，故称为"惊蛰"。

〔18〕地泥：田地里的泥，与下文中的"河泥"相区别。

〔19〕筑：捣土使坚实。

〔20〕糁（sǎn）：洒，散落。

〔21〕硫黄：一种非金属元素。在常温下为黄色固体，性烈易燃，为制造火药、火柴等的原料，亦可作为二硫化碳、硫酸、农药、肥料、染料等工业原料，也可作为药品。

〔22〕春分：二十四节气之一。在公历3月20日或21日，此时太阳直射赤道，南北半球的昼夜长短都一样长。以后北半球昼渐长，夜渐短。

〔23〕清明：二十四节气之一。在公历4月4日或5日。

〔24〕佛图澄：西域高僧，本姓帛氏。在西晋怀帝永嘉四年（310年）来到洛阳，立志弘法。他善诵神咒，能役使鬼神。辅佐石勒称帝。门徒中高僧众多，如道安等。

〔25〕昭帝：汉昭帝刘弗陵（前94—前74），汉武帝刘彻少子。

〔26〕穿：开凿。

〔27〕琳池：汉代宫苑中池名。东晋王嘉《拾遗记》卷四六载：昭帝始元元年（前86年）"穿琳池，广千步。中植分枝荷，一茎四叶，状如骈盖，日照则叶低荫根茎，若葵之卫足，名'低光荷'。实如玄珠，可以饰佩。花叶杂萎，芬馥之气，彻十余里。食之令人口气常香，益脉理病。宫人贵之，每游宴出入，必皆含嚼。"

〔28〕分枝荷：一茎蘖（niè）生数枝荷花。

〔29〕竟：完全。

〔30〕陶宗仪：（1316—1403后），字九成，号南村，黄岩（今属浙江台州）人，元末明初文学家。

〔31〕卮（zhī）：古代盛酒器，容量四升。小金卮，容量较小的酒器。

〔32〕行酒：依次斟酒以奉客。

〔33〕飞燕：即赵飞燕（？—前1），汉成帝皇后。以体态轻盈、舞姿曼妙著称。

译文

莲花古名芙蕖。植物的花朵凡是色彩妍丽的，大多缺乏香气，唯独此花色香并绝。它从淤泥中挺出，而没有被染上一丝污秽；它被清泠的池水洗濯，却一点儿也不妖冶，可谓花中的禅品。曾端伯称莲为净友，张景修以莲为禅客，周濂溪认为莲堪为君子。莲真是夏秋之际花中第一品。除红色与白色的莲花之外，还有四面莲、并蒂莲、品莲、台莲，又有黄莲、墨莲、青莲等各种不同品种和颜色的莲花。把莲子的头部稍稍磨去，浸到靛青的染缸中。明年清明时节取出种下，就会开出青色的莲花。以上都是莲花中的奇品。此外，西湖北山的韬光庵还有一种金莲，圆圆的叶片，花朵小巧，浮生在水面上。柳池还有斗大的紫莲花。

（种莲法）值惊蛰这一节气时，在大缸的底部铺一层地泥，并且筑实；或洒放少量硫黄、皮屑，在上面浅浅铺一层河泥。遇晴天就将大缸放在阳光下暴晒，遇雨天就遮盖以防雨，直到晒得泥土开裂。至春分时，买壮大的荷花秧苗，去泥将其种下。枝头向南，用土培在秧苗的根部，保持枝头的方向。不要露出根，接着继续在阳光下暴晒，遇雨天仍加以遮盖。至清明节时，向缸中加河水直到与缸口相平，不可以加井水。在春分日的前一天种下，则花在叶之上，高于叶面。在春分日的后一天种下，则花在叶下，低于叶面。在春分当天种下，则花与叶高度持平。

西晋高僧佛图澄取钵盂盛水，焚香念咒。钵内生长出了青莲花。

汉昭帝开凿琳池，池中种植荷花奇品——分枝荷。嚼食荷花，莲香充溢全身。宫人争相嚼食。

陶宗仪摘一朵盛开的荷花，在其中放置一个小金卮，命歌姬捧荷花金卮依次斟酒劝客欢饮。客人靠近歌姬取花，歌姬代客摘下一片花瓣，名"解语杯"（取唐明皇"何似我，解语花"之意）。

赵王琇把各种香料的粉末筛在地上，令赵飞燕在上面舞蹈。他感叹道："这轻盈的体态，真如馨香的莲花瓣飘落啊。"

桂花

一名木犀。丛生岩岭间，因名岩桂。有金、黄、紫、白四种，惟金桂[1]为最。叶边如锯齿而粗者香。性喜阴。不宜人秽[2]，以猪秽、蚕沙[3]壅之，则茂。腊雪高壅于根，则来年不灌自发。四月间，攀[4]枝着地，以土压之。至五月，自生根，一年后截断。八月含蕊时，移种，来年尤茂。有月桂[5]、春桂[6]，香皆不减于秋。移接石榴，花开丹色。

桂子

桂子[7]之说，起自唐时[8]。后宋慈云式公[9]《月桂》诗序云："天圣丁卯[10]中秋，月有浓华[11]，云无纤迹。天降灵实，其繁如雨，圆润如珠，五色[12]具备。壳如芡实[13]而味辛。识者曰：'此月中桂子也。'好事者[14]播种林下，无不即活。"

无瑕[15]尝着素桂裳折桂。明年花开，洁白如玉。

唐一老人以画桂扇赠卖糕者，后取以扇糕，糕皆桂香。

注释

[1]金桂：桂花品种之一。花朵金黄，花香馥郁。叶片椭圆形或卵圆形，革质，富有光泽。幼树叶片上半部有疏齿，老树叶片则多全缘。观赏价值很高，可作药用。

[2]秽：粪便。

〔3〕蚕沙：蚕屎，黑色，形同沙粒，干透后可作为枕头的装料或入药，亦可作肥料。

〔4〕攀：牵、引。

〔5〕月桂：桂树的一种，月月开花，故名月桂。又传说月中有桂树，因名月桂。

〔6〕春桂：桂树有一品种名四季桂，春天亦能开花，故此处曰春桂。山矾别名春桂，但此处不指山矾。

〔7〕桂子：桂树的种子。

〔8〕起自唐时：初唐诗人宋之问有诗："桂子月中落，天香云外飘。"

〔9〕慈云式公：慈云法师，北宋杭州天竺寺高僧。

〔10〕天圣丁卯：公历1027年。天圣，北宋仁宗的年号。丁卯，属于天干地支纪年法。

〔11〕月有浓华：月华即月光。此指月光皎洁明亮，月亮四周有鲜莹的彩色云气。应是月晕。

〔12〕五色：本指青、黄、赤、白、黑五种色彩，此处泛指各种色彩。

〔13〕芡实：睡莲科植物芡的种仁。表面有棕红色内种皮，一端黄白色，有凹点状的种脐痕，除去内种皮显白色。质较硬，断面白色，粉性。性平，味甘涩，可作药用，补脾止泻。

〔14〕好事者：此指对生活充满热情，喜欢参与各种事物的人。

〔15〕无瑕：女子名。

译文

桂花一名木犀。丛生岩岭间，因此又名岩桂。有金、黄、紫、白四种，唯独金桂观赏价值最高。叶片的边缘如同锯齿且粗阔的桂花，更富有香气。桂花性喜阴凉。施肥不宜用人粪，用猪粪和蚕沙培在根部，则生长茂盛。将腊月所降之雪，高高地培护在根部周围，则来年不用浇灌就会因有充足的水分而发芽。四月期间，攀引一桂枝着地，用土将其压住，至五月，此枝自会生根，一年后将桂枝与主干截断。八月，桂花含蕊待放时移种，来年花更茂盛。又有月桂、春桂等品种，香气都不比秋桂淡。桂树移接石榴，花开时为红色。

（桂子）桂子的传说，始于唐代。此后北宋慈云法师《月桂》诗序云："天圣丁卯中秋日，月光皎洁明亮，天空没有一丝云迹。神奇灵异的果实从天而降，繁密如雨，圆滑莹润如珍珠，各种色彩都有。壳与芡实相似，而味道有些辛辣。有些见识的人说：'这是月中的桂子。'热情好事的人将其播种到树林中，没有不成活的。"

无瑕曾经穿着绣有桂花的白色衣服攀折桂花。第二年桂花盛开，洁白如玉。

唐代一个老人把画有桂花的折扇赠给一个卖糕点的人。卖者用折扇为糕点扇风，糕点都飘出了缕缕桂花的香味。

水仙

单瓣[1]者名水仙，千瓣者名"玉玲珑"。性喜水，故名水仙。单者叶短，而清芬尤甚。俗传云："五月不在土，六月不在房[2]。栽向东篱下[3]，花开朵朵香。"余见杭人近江水处，成林种者，无枝不花，想土近卤咸[4]，花茂故也。一值铁器，永不开花。

谢公梦天女畀[5]水仙一束，明日生谢女，聪慧绝人。

宝儿[6]每夜采水仙花，覆裙襦[7]上。诘朝[8]服以见帝，帝谓之"肉身水仙"[9]。

注释

[1] 单瓣：不是一瓣，而是一层。千瓣指多层花瓣。

[2] 六月不在房：指6月要把水仙从库房移至阳光下高温暴晒。高温处理后的水仙球茎，花开茂盛。这是水仙培植的核心技术。

[3] 栽向东篱下：指将水仙球茎移种到土中，时间应在9—10月，此时正值菊花盛开。陶渊明《饮酒》诗云"采菊东篱下"。

[4] 卤咸：此指土壤因受钱塘江水影响，含盐分较多。

[5] 畀（bì）：给予，送给。

[6] 宝儿：袁宝儿，隋炀帝的侍女。

[7] 襦（rú）：本指短衣或短袄。襦有单、复。单襦近衫，复襦则近袄。水仙冬日盛开，此处应指短袄。

[8] 诘朝（jié zhāo）：次日早晨。

[9] "肉身水仙"：这是赞美袁宝儿容美体香，婉似水仙。

译文

花朵单层花瓣的称作水仙，多层花瓣的叫作"玉玲珑"。因其天性喜爱水，所以称作水仙。单层花瓣的水仙叶片较短，但清芬之气更为浓烈。民间相传："五月，要把水仙球茎从土中掘出，放进库房阴凉处。六月，再把水仙球茎从库房移至阳光下高温暴晒。九月，将水仙球茎栽到土中。至腊月则水仙盛开，朵朵清香。"我看到杭州人在江边成片地种植水仙，没有一枝不开花的。分析原因可能是土壤受江水的影响，比较肥沃，所以花开茂盛。水仙一遇到铁器，就永远不会再开花。

谢公梦见天上的仙女送给他一束水仙花。第二天，女儿出生，十分聪慧，远超常人。

袁宝儿每天夜里采摘水仙花，将裙子和短袄覆盖在水仙花上取其幽香。第二天早晨穿着它们觐见隋炀帝，隋炀帝称她为"肉身水仙"。

牡丹

唐时此种独[1]少。长庆[2]间，开元寺[3]僧惠澄自都下偶得一本，谓之洛花。乐天[4]诸公竞赏之，自是而牡丹遂蕃芜[5]于天地间。富贵荣籍[6]，此花为最。

花宜

千叶[7]起楼者为妙。单叶者，不接则不佳，须于山丹[8]上接种，菜园最盛。宜寒恶[9]热，宜燥恶湿，宜高厂向阳，而惧烈风炎日。

花忌

忌灌肥[10]、触麝[11]，及热手搓动，以物刺伤根。初开采折，令花不茂。

传种法

六月，看花子微黑、将皱开口者，取向风处凉一日。以瓦盆拌湿土[12]盛之。至八月①取出，以水试，沉者开畦[13]种之。间三寸一子，来春自发，可望开花。

植种法

栽宜八月社[14]前，或秋分[15]后三二日。移种壅土，不可太高且实。以水浇之，满台方止。次日又浇，土凹处，又铺泥平之，花必繁矣。

分法

八九月，掘起剖开，俱要有根。以小麦一把，拌土栽之。

接法

芍药根干大者，择牡丹枝，取四寸长，接上，以肥泥筑紧，培过一二寸，即活。又以单[16]牡丹根，去土一二寸，用利刀斜去一半，择好花嫩枝[17]，亦去一半，两合如一。用麻缚紧，将泥水调涂麻外，以二瓦合之，填泥，来春花发且茂。

灌法

灌花须早[18]。八九月，五日一次。立冬[19]后，粪水一次。十一月搜[20]土，以宿粪浓浇一二次，春分前后，不浇。谷雨[21]，浇肥水一二次。六月不浇，干则以河水，黑早[22]稍润之。

疗法 ②

有虫食枝髓，以硫黄末入孔[23]。杉木削针，针之，则虫自死矣。

张功甫作牡丹会，众宾既集一堂，寂无所有。俄[24]问左右云："香发未？"答曰："已发。"命卷帘，异香自内出。群妓以酒肴丝竹[25]，次第[26]而至。别有名姬十辈[27]，衣白而首饰衣领皆牡丹。歌罢，易十姬，簪别花而出，衣与花、歌，凡十易。坐客恍如仙游。

明皇[28]同妃子[29]赏牡丹于沉香亭[30]，诏梨园[31]曰："赏名花，对妃子，不用旧乐词。"因[32]命持金笺[33]赐李白，进牡丹乐府③[34]。

宋孝宗④〔35〕种牡丹花⑤千本，堂中设牡丹红锦茵〔36〕，自中殿〔37〕、嫔妃〔38〕，以至内官〔39〕、伶属〔40〕，各赐赏有差〔41〕，谓之随花赏。

校勘

① "八月"，原作"六月"，与前文"六月看花"对照，语意难通。此据明人高濂《遵生八笺》改。《遵生八笺》原文作："六月时候，看花上结子微黑、将皱开口者，取置向风处晾一日，以瓦盆拌湿土盛起。至八月取出，以水浸试，沉者开畦种之。约三寸一子，待来春当自得花。"

② "法"，日抄本作"治"。"疗法"与"疗治"皆能通，故两存。从上文"灌法""接法"看，用"法"更合适。

③ "乐府"，原本残缺，此据日抄本补录。

④ "宋孝宗"，原本残缺，此据日抄本补录。

⑤ "花"，原作"与"，此据明人陈继儒《致富奇书》卷四改。

注释

〔1〕独：特别。

〔2〕长庆：唐穆宗年号，公元821—824年。

〔3〕开元寺：此指唐代杭州开元寺。

〔4〕乐天：即白居易（772—846），字乐天，晚年号香山居士。长庆年间，任杭州刺史。开元寺僧人惠澄在京师得到一株牡丹，植于庭院中，细心培护，牡丹盛开。其间，诗人徐凝来杭州，观花后题诗于开元寺墙壁上。一日，白居易来开元寺观赏牡丹，见壁上题诗大加赞赏，于是命寺僧邀来徐凝，在寺中设宴款待，同饮同醉。恰巧此时诗人张祜也来到了开元寺，三人一起题诗共饮。

〔5〕蕃芜（fán wú）：繁殖滋多、茂盛。

〔6〕荣籍：光荣的名册。

〔7〕千叶：叶即瓣，千叶指千瓣，又叫重瓣，是由雌、雄蕊瓣化而成，表现为有多层花瓣，古人称千叶花型为"千叶起楼"。

〔8〕山丹：多年生草本植物，为百合科百合属，春日开红花。

〔9〕恶（wù）：不适宜，不喜欢。

〔10〕灌肥：用粪水浇灌。

〔11〕麝：麝香。

〔12〕湿土：应是湿沙土。以当今的播种技术来看，叫作沙藏法，目的是提高发芽率。据喻衡编著《牡丹花》，湿沙以手握成团不滴水为度。将2份种子与8份湿沙混合均匀装入花盆，埋入地下0.6米处，进行催芽。

〔13〕畦（qí）：田园中分成的小区。

〔14〕社：此指秋社。古代农家于立秋后第五个戊日，举行酬祭土神的典礼。

〔15〕秋分：二十四节气之一。在公历9月22日或23日，这时太阳几乎位于赤道的正上方，南北半球昼夜时间相等。

〔16〕单：此处指单瓣。明代高濂《遵生八笺》卷一六写道："又以单瓣牡丹种活根，上去土二寸许，用砺刀斜去一半，择千叶好花嫩枝头有三五眼者一枝，亦削去一半，两合如一。"讲的都是以单瓣牡丹花枝嫁接千叶牡丹花枝。

〔17〕好花嫩枝：根据《遵生八笺》，此处指千叶牡丹花枝。

〔18〕早：清晨。清人陈淏子《花镜》卷三写道："夏月灌溉必清晨或初更。"

〔19〕立冬：二十四节气之一。在公历11月7日或8日，是进入冬季的开始。

〔20〕搜：挖。此处指把根部土挖松。明代王路《花史左编》卷五写道："十一月，搜松根土。"

〔21〕谷雨：二十四节气之一。在公历4月19日或20日。

〔22〕黑早：清晨天将亮时。

〔23〕孔：蛀眼处。明人高濂《遵生八笺》卷一六载："欲绝蛴螬（qícáo）、土蚕食根，有蛀眼处以硫黄末入孔。"据喻衡编著的《牡丹花》说明，天牛（俗称"啄木虫"）有从侵入洞孔处向外排粪的习性，侵入洞孔容易被发现，用硫磺末或百部塞于洞孔中，或用杉木将洞孔钉死，而使害虫死亡。

〔24〕俄：短时间，一会儿。

〔25〕丝竹：琴瑟与箫管等。此处泛指乐器。

〔26〕次第：依一定顺序，一个挨一个地。

〔27〕辈：群，队。十辈，指十队。

〔28〕明皇：即唐玄宗李隆基，谥号"至道大圣大明孝皇帝"，故称唐明皇。

〔29〕妃子：指杨贵妃。

〔30〕沉香亭：唐长安兴庆宫内的亭阁。在兴庆宫龙池东北，今陕西西安兴庆公园内。因此亭是用沉香木修建而成，故名。

〔31〕梨园：唐玄宗时教练宫廷歌舞艺人的地方。中宗时设在长安光化门外禁苑中，有广场，兼可拔河、打球。玄宗时改设在蓬莱宫侧的宜春院。分设男女两部，选乐工三百人，宫女数百人于梨园教授乐曲。玄宗懂音乐，常亲自订正声误，乐工称"皇帝梨园子弟"，宫女亦称"梨园子弟"。后世遂称戏班为梨园，戏曲演员为梨园子弟。

〔32〕因：于是，就。

〔33〕金花笺：描绘有金花或洒有泥金的笺纸。

〔34〕乐府：古代的音乐行政机关。此指歌词。李白奉旨作诗，作《清平调三首》以赞美牡丹和杨贵妃。其一："云想衣裳花想容，春风拂槛露华浓。若非群玉山头见，会向瑶台月下逢。"其二："一枝红艳露凝香，云雨巫山枉断肠。借问汉宫谁得似，可怜飞燕倚新妆。"其三："名花倾国两相欢，长得君王带笑看。解释春风无限恨，沉香亭北倚阑干。"

〔35〕宋孝宗：赵昚（shèn）（1127—1194），宋太祖七世孙，南宋第二位皇帝，在位二十七年，庙号孝宗。

〔36〕锦茵：织有花纹的地毯。

〔37〕中殿：即中宫，皇后居住的宫殿，此处代指皇后。

〔38〕嫔妃：泛指后宫女官，都是皇帝的妻妾。

〔39〕内官：宦官。

〔40〕伶属：乐官之类。乐官是朝廷掌管伎乐的官员。

〔41〕有差：不一，有区别。

译文

　　唐朝时牡丹特别稀少。长庆年间，开元寺僧人惠澄在京师偶然得到一株，称它为"洛花"。白居易他们竞相题咏称赏。从此后，牡丹就开始大量繁殖。在名花谱册中，牡丹花最为富贵、荣光。

　　【花宜】　千叶牡丹的花型最为美妙。单瓣的牡丹，不嫁接就不够美。应当在山丹上接种牡丹，在菜园里种植，开花最盛美。牡丹花适宜凉爽干燥的环境，而不喜欢潮湿闷热的环境。宜放置于高明、宽敞、向阳的地方，但惧怕强风和炎日。

【花忌】 不要用粪水浇灌牡丹，不要让牡丹接触麝香，不要用手搓摩摇动牡丹，不要以外物刺伤牡丹花根。在牡丹初次开放时采摘，会使花开得不够茂盛。

【传种法】 六月时，选取微黑、皱开口的牡丹花花籽儿，在阴凉通风的地方放置一天。再将花籽儿和湿土混合搅拌，盛放在瓦盆中。至八月，将花籽儿取出，放置水中浸试，选取沉到水底的花籽儿，种到田园里。每隔三寸种一粒花种，来年春天，自会发芽，可望开花。

【植种法】 栽种牡丹植株，宜在八月秋社之前，或秋分后的两三日。移种后在根部培土不要太高、太坚实。之后用水浇至满台才停。次日再浇水，并在土凹处，铺一层泥填平，花一定会开得繁茂。

【分法】 八九月间，将牡丹植株挖出来分株，要两边都有根。用一把小麦和土搅拌，将植株分别栽到土中。

【接法】 选取根干大的芍药植株作为砧木（植物嫁接繁殖时，生根于土壤内，且承接另一株枝条者，称为"砧木"），选取四寸长的牡丹枝作为接穗，再将两者插接在一起。栽到土中，用肥沃的泥土将根部筑紧实，培土高过地面一两寸，便可成活。还可选取单瓣牡丹的花根，在高出地面一两寸的部位，用锋利的刀片斜切去一半。再选择千叶牡丹花的花枝，也斜着切去一半，将切口相对紧密贴合。用麻草绑紧，把泥水调匀，涂抹在麻草的外面。再取两块瓦片，合围在绑着麻绳的连接处，将空隙处填满泥。第二年春天，花朵会绽开且十分茂盛。

【灌法】 浇灌牡丹花应当在清晨。八九月，每五天浇一次。立冬后，浇粪水一次。十一月，将根部土挖松，用隔夜的粪水浓浓地浇灌一两次。春分前后，不再浇水。至谷雨时节，再浇肥水一两次。六月不浇水，如果泥土特别干燥，就在清晨用河水将泥土稍稍湿润。

【疗法】 有虫蛀蚀牡丹枝髓，就将硫黄末塞入蛀眼。或把杉木削成针形，塞进蛀孔，将孔钉死，小虫自会死掉。

张功甫作牡丹花宴会。众宾客都已齐集一堂，堂内却十分寂静。过了一会儿，张功甫问左右侍者："发出香味了没有？"回答说："已发。"于是命人将帘幕卷起，顿觉奇异的香味从室内飘出。这时群妓分别手持酒肴、丝竹，一个紧接一个，依次来至堂中。另有知名歌姬十队，穿着白色的服饰，头上和衣领上都别着牡丹花，飘然而出。她们唱完，又换了一队十人的歌姬，簪着其他种类的花出来歌唱。就这样，不同的服饰、花卉、歌曲，换了十拨。座中的宾客感觉仿佛在仙境中游览一般。

唐明皇同妃子在沉香亭观赏牡丹，命令梨园子弟道：

"欣赏名花，对着娇美的妃子，不能用旧歌词。"于是就命人将洒有泥金的笺纸赐给李白，并请他进献歌咏牡丹的乐府新词。

宋孝宗种了千余株牡丹。堂中还陈设了绣有牡丹花纹的地毯。上自皇后、嫔妃，下至宦官、乐官，都有不同的赏赐，称作"随花赏"。

〔清〕董诰 绘

芍药

俗呼小牡丹，其种独盛于维扬[1]。大抵[2]花之艳者，可与牡丹争席[3]。故世称牡丹花王，芍药花相，良[4]不诬[5]矣。

种法

八月起根，先壤猪粪和砻糠[6]、黑泥入之，勿密，更[7]以肥水灌之，春来花发极盛。

分法

《洛阳本记》[8]云："分芍药[9]，处暑[10]为上，八月为中。"谚云："春分分芍药，到老不成花。"种不可深，深则花发不旺。春间看花蕊[11]圆实者留之，虚大者无花，去之可也。新栽可留一二蕊，多则不成千叶矣。

培法

种后，以[12]十二月，用鸡粪和土培之，仍渥[13]以黄酒一度[14]，花能改色。

扬州旧有芍药厅，花时聚一州绝品[15]于其中。人争购之，唤为花市。

注释

〔1〕维扬：扬州的别称。

〔2〕大抵：大概。表示对事实总体状况的估计和推测。

〔3〕争席：争座次，表示不相让。

〔4〕良：确实，果然。

〔5〕诬：无中生有，不真实。不诬指"花相"不是无中生有的虚枉之词，是符合芍药特点的称谓。

〔6〕砻糠（lóng kāng）：砻为去掉稻壳的工具，砻糠是稻谷砻磨后脱下的外壳。

〔7〕更：再。

〔8〕《洛阳本记》：指宋周世厚《洛阳花木记》。

〔9〕分芍药：指芍药花的分株，是芍药的一种常用繁殖方法。

〔10〕处暑：二十四节气之一。公历8月23日或24日，此日过后，夏天的暑气渐将结束，天气渐转凉爽。

〔11〕花蕊：花苞。

〔12〕以：在。

〔13〕渥：沾润。

〔14〕度：次。

〔15〕绝品：极品，指没有可以与之相比的最上等的芍药品种。

译文

芍药俗呼小牡丹，这一物种在扬州特别兴盛。大概是花中比较浓艳的一类，可以和牡丹媲美。因此历史上人们称牡丹为花王，芍药为花相，即花中的宰相，这一称谓确实没有不实之处。

【种法】 八月，将芍药的根从土中刨出。先凿一深坑，将猪粪和着稻谷砻磨后脱下的外壳及黑泥放进坑中，不要塞得太坚实。再把肥水灌进去。来年春天花会开得特别茂盛。

【分法】 《洛阳花木记》说："给芍药分株，最好在处暑前后，在农历八月也可以。"谚语说："春分分芍药，到老不成花。"意思是说春分时节给芍药分株，到老都不会开花。分株时，植株不能种得太深，太深的话来年花不会开得茂盛。春天，将圆润厚实的花苞留下，空虚而且大的花苞来年一定无花，去掉就可以了。新栽的芍药可以留一两个花苞。留的花苞多了，就长不成千叶芍药了。

【培法】 把芍药的植株种下后，在十二月将鸡粪和土培护在它的根基部位，然后浇黄酒一次，花就能改变颜色。

扬州过去有芍药厅。花开时，一州之中最上等的芍药品种都会聚集在这里。人们争相购买，因而称作花市。

菊花

春抽苗[1]，秋绽蕊，皆正色[2]丽容，而绝无妖媚之色。岁寒[3]挺秀[4]，傲睨[5]风霜，有幽人[6]逸士[7]之操，故石湖[8]品类[9]，以菊比之君子。《秋香菊谱》云："种宜高阜[10]之地，锄松去瓦砾[11]、蚁蚓，用肥和潮泥，做起沟棱[12]，不宜近树影低湿处。菊喜阴，而阴处又不发，喜湿而积水又伤根。"

浇法

《便览》[13]云："浇菊，必须黎明。黄梅[14]中不可锄松傍土，雨①后用肥土渗之。夏至[15]后，用鹅、鸡毛水浇。立秋[16]后，始可用肥和水浇之。或用羊粪浸水浇亦可。叶头笼②者，以米泔[17]沃[18]之。"

接法

春分前，取各色菊苗于旧菊梗上。切开皮，插入苗，贴以麻皮扎缚，用泥封之，用竹箬[19]包裹，数日即活，则一枝而可以开数色花。

染色法

九月内，取霜埋土，到菊蕊绽时，将霜水和五色调之，用白鹅毛洒上。开时各变所染色，此奇观也。

治菊月令

正月松土[20]，二月肥泥[21]，三月分苗[22]，四月治蛛[23]，五月去头[24]，六月浇水[25]，七月捉虎[26]，八月护本[27]，九月遮霜[28]，十月留干[29]，十一月松宿地[30]，十二月盖老根[31]。

艺苗须知

分秧、护叶、培根、删冗、时灌、去蠹、惜花、贮土、留种。

亳[32]社吉祥禅院，有僧诵《华严》[33]。忽一紫兔至，随僧听经，驯伏[34]不去。惟餐[35]菊英[36]，僧呼为"菊道人"。

彭泽令[37]宅傍有菊丛，重九[38]坐径边，采菊盈[39]把。适[40]江州[41]守令白衣人[42]送酒至，遂大醉篱边，时谓元亮[43]"菊淫"[44]。

临安[45]园子[46]，每至重九，各出奇[47]花比胜，谓之斗菊。会[48]罗含[49]致仕归，阶前忽生佳菊，人以为菊瑞[50]。

校勘

① "雨"，原作"以"，据明人徐石麒《花佣月令》改。

② "笼"，原作"聋"，据《花佣月令》改。

注释

[1] 抽苗：发芽之后，茎叶长出。

[2] 正色：色彩纯正。

[3] 岁寒：一年中最寒冷的季节。

[4] 挺秀：卓立不群，秀美出众。

〔5〕傲睨（nì）：倨慢斜视，含有轻视之意。

〔6〕幽人：幽隐山林的人。

〔7〕逸士：隐士。

〔8〕石湖：指南宋诗人范成大（1126—1193），号石湖居士。

〔9〕品类：品评花卉。

〔10〕阜：土山。

〔11〕砾（lì）：小石、碎石。

〔12〕沟棱：即垄，田间高起的分界的埂子。低的部分叫沟，高起的条状部分叫棱。

〔13〕《便览》：指清人翟灏所著《湖山便览》十二卷。

〔14〕黄梅：指梅雨季节。此时多雨，养菊不宜锄松根旁的泥土，否则容易水灌伤根。

〔15〕夏至：二十四节气之一。约在公历6月21日或22日，这时太阳直射北回归线，北半球白昼最长，夜晚最短；南半球相反。

〔16〕立秋：二十四节气之一。约在公历8月7日、8日或9日，我国以立秋为秋季的开始。

〔17〕米泔（gān）：淘米水。

〔18〕沃：浇灌。

〔19〕竹箬：一种竹子，叶大而宽。

〔20〕松土：锄松土地。据明人王路《花史左编》，农历正月立春数日后，宜锄松土地，深二尺，以为将来分苗做好准备。

〔21〕肥泥：使泥肥沃，即为土地施肥。据《花史左编》，农历二月春分后，应施肥以使花土肥沃。

〔22〕分苗：移苗。据《花史左编》，农历三月谷雨前三日，应当从秧苗中挑选粗壮挺直的移植到此前准备好的肥沃的花地中。

〔23〕治蛛：消灭蜘蛛等虫害。据《花史左编》，农历四月小满前后，菊头易生小蜘蛛，应当尽早消灭。

〔24〕去头：掐去枝干顶部，使下面生出更多歧枝。据《花史左编》，农历五月夏至后去头，只留六七枝。

〔25〕浇水：据《花史左编》，农历六月大暑中，每天早晨用河水浇花。

〔26〕捉虎：捉青虫。据《花史左编》，叶上会生出像蚕一样、与叶片颜色相同的青虫，应当每日早晨寻找并消灭它们。

〔27〕护本：护根。据《花史左编》，农历八月多狂风骤雨，应用竹枝绑在菊花茎干上固定，以防止摇动伤花。

〔28〕遮霜：遮挡风霜。据《花史左编》，农历九月菊花将开之际，应用搭棚为其遮挡风雨。

〔29〕留干：保留少许粗壮花干。据《花史左编》，农历十月中旬，菊花已残，应将枯花小枝一并折去，只留下少许粗壮枝干。

〔30〕松宿地：将旧有的土地锄松。据《花史左编》，农历十一月中旬，应锄松旧土，施肥翻新。因为菊花喜新土而怕旧土，必须一年一换。

〔31〕盖老根：遮盖裸露的老根。据《花史左编》，农历十二月初旬，看菊根裸露处，加土培护，以避冬日霜雪。

〔32〕亳（bó）社：殷人祀土地神之处。殷商曾建都于亳，故名，在今河南商丘。

〔33〕华严：佛经名。即《华严经》，全称《大方广佛华严经》。

〔34〕驯伏：驯服、顺从。

〔35〕餐：吃。

〔36〕菊英：菊花。

〔37〕彭泽令：指陶渊明，东晋诗人，被称作"古今隐逸诗人之宗"，曾任彭泽县令，故称彭泽令。

〔38〕重九：即重阳节，农历九月初九。

〔39〕盈：充满。

〔40〕适：正好，恰好。

〔41〕江州：西晋元康元年（291年）置，治所在南昌县（今江西南昌），辖境相当于今江西、福建两省绝大部分。江州守指王弘。

〔42〕白衣人：旧指没有功名和官职的人，此指王弘派遣的官府小吏。

〔43〕元亮：即陶渊明，字元亮。

〔44〕淫：沉湎于其中。

〔45〕临安：南宋都城，即今杭州市。

〔46〕园子：花园、果园、别墅，以及供大众游憩的地方均可称为"园子"。

〔47〕奇：稀罕的、不常见的。

〔48〕会：恰好，正好。

〔49〕罗含：字君章，东晋耒阳（今属湖南耒阳）人。曾为桓温征西参军，后任宜都太守，迁侍中，转廷尉、长沙相。有才学，时人誉为"湘中琳

琅""江左之秀"。年老致仕，他在官舍时，曾有一只白雀栖息在屋檐之上。等致仕还家，庭院的台阶前忽然长出一丛丛兰花和菊花（《晋书·罗含传》）。

［50］菊瑞：由于菊花盛开而显示出的一种吉祥的兆头、预示。

译文

　　菊花春天发芽，秋天开花，都色彩纯正，容颜清丽，而绝对没有妖娆妖媚的姿色。菊花在隆冬严寒时节，卓立不群，秀异出众，其傲视风霜之态，真有隐士之节操。因此南宋范成大品评花卉，把菊花比作君子。《秋香菊谱》云："菊花应种植在高于地面的地方。把土锄松，去掉碎瓦小石、蚂蚁、蚯蚓，用肥料拌上潮湿的泥土，堆起沟棱。菊花种植不适宜靠近树荫和低湿的地方。菊花喜欢阴凉，但在太荫蔽的地方又不容易开花。菊花喜欢潮湿的环境，但又不能积水，否则会伤及花根。"

　　【浇法】《湖山便览》说："给菊花浇水，必须在黎明时。梅雨时节，不宜将菊根附近的土锄松，以防水多伤根。雨后把肥沃的土混合进去。夏至后，用鹅毛或鸡毛水浇菊花。立秋后，可以开始用肥料混和着水浇菊花。或把羊粪浸在水中浇，这样也可以。菊头蜷缩不展的，用淘米水浇灌它。"

　　【接法】春分前，从旧菊梗上取来各种不同颜色的菊苗。切开树皮，插入菊苗，用麻皮贴在接合处。捆扎紧，用泥密封好，再用竹叶包裹，过几日就能成活。一枝可以开出好几种颜色的花。

　　【染色法】九月期间，取一些秋霜（装入容器）埋在土中。到菊花绽放时，将霜水与五彩的颜料调和，用白鹅毛将带颜色的水洒在菊花上。那么菊花盛开时就会各自变成所染的颜色。这真是奇观呀！

【治菊月令】 农历正月锄松土地，为将来分苗做好准备；二月为花地施肥；三月将粗壮秧苗移植到花地中；四月消灭小蜘蛛等害虫；五月不断掐掉花枝顶部，使其滋生更多花枝；六月每天早晨浇水；七月注意要消杀青虫等虫害；八月用竹枝绑定花干，以免被风雨吹折；九月花开之际，用搭棚为花遮挡风霜；十月折去枯花小枝，保留少许粗壮花干；十一月锄松旧土；十二月注意培护遮盖裸露老根。

【艺苗须知】 培植菊花有以下几点必须知道，即分秧、护叶、培根、疏叶、勤加浇灌、去蠹虫、惜花、培土、留种。

亳社吉祥禅院，有一个僧人正在诵读经文。忽然一只紫色的兔子跑过来，听僧人诵读经文，非常驯服，不肯离去。由于紫兔只吃菊花，所以僧人叫它"菊道人"。

陶渊明在宅舍旁种了菊花丛。重阳节这一天，他坐到路边，采摘了一大把菊花。恰好江州守王弘派遣白衣小吏送来了酒水，于是陶渊明在篱笆旁边赏菊边饮酒，直到大醉。当时人称陶渊明为"菊淫"。

南宋都城临安的园子，每到重阳节，都会纷纷展示出一些稀奇的菊花品种来比美，以求胜出，当时人称之为"斗菊"。恰好这天罗舍致仕还家，他的庭院的台阶前忽然生出美好的菊花，人们称之为"菊瑞"。

琼花

惟扬州后土祠[1]一株，相传唐人所植，树大而花繁，清芬[2]独绝，洁白可爱。世误以八仙花[3]为琼花，然琼花之异，其香如莲，虽剪折之，余韵亦不减。此八仙所无也。

扬州琼花，宋孝宗尝[4]分植禁中，辄枯。载还祠[5]中，复荣如故。因构琼花亭于侧，颜曰"无双"。

注释

[1] 后土祠：祭祀地神或土神的庙宇。扬州后土祠即今琼花观，位于扬州市区文昌中路（原琼花路）的北侧，旧称"蕃釐观"。

[2] 清芬：清香。

[3] 八仙花：又名绣球、紫阳花，为虎耳草科绣球属植物。

[4] 尝：曾经。

[5] 祠：即扬州后土祠。

译文

只有扬州的后土祠中有一株琼花，相传是唐人种植的。树干高大而花叶繁茂，清香绝伦，洁白可爱。世人误将八仙花认作琼花。然而琼花的不同之处在于，它的香气如同莲花一般清远，即使从枝头上剪（或折）下来，香风余韵丝毫不减。这是八仙花所不具有的。

扬州的琼花，宋孝宗曾经分其一株种植到皇宫之中，立即就枯萎了。将它运回后土祠中种下，它又恢复了过去的繁茂。因此就在它旁边建造了一个琼花亭，匾额题曰："无双。"

玉蕊花

　　曾端伯以为即琼花，李卫公〔1〕以为山矾〔2〕，黄山谷〔3〕以为米囊〔4〕，皆非也。盖此花生杭之西山，花小而洁，香馥远甚，犹刻玉然〔5〕，为之玉蕊，群芳所未有也。

　　唐昌观〔6〕玉蕊花，唐昌公主〔7〕手植。后元和〔8〕中，忽有二八〔9〕女子，丰仪〔10〕婉艳〔11〕，同侍女数人，直造〔12〕花所。异香飘数十步，伫立〔13〕良久，因折花，笑谓侍女曰："曩〔14〕玉峰之约，今可以行矣。"遂飘风而去。

注释

〔1〕李卫公：李德裕（787—850），字文饶。赵郡（治今河北赵县）人。
　　　唐代著名文人，因曾封卫国公，世称"李卫公"。

〔2〕山矾：一种野花，开小白花，在历史上由黄庭坚命名。黄庭坚《戏咏高
　　　节亭边山矾花二首·序》写道："江湖南野中，有一小白花，木高数
　　　尺，春开极香，野人谓之郑花。王荆公尝欲求此花栽，欲作诗而漏其
　　　名，予请名山矾。"《本草纲目》卷三六记载："叶似栀子，光泽坚
　　　强，略有齿，凌冬不凋。三月开花，繁白如雪，六出黄蕊，甚芬香。"

〔3〕黄山谷：即黄庭坚（1045—1105），字鲁直，北宋著名诗人。自号山谷道人，故此处称之"黄山谷"。

〔4〕米囊：宋人洪迈《容斋随笔》卷一〇记载，长安唐昌观的玉蕊花就是玚花，又名米囊。

〔5〕犹刻玉然：好像是用玉石雕刻而成，这是指它的花蕊。南宋谢维新《古今合璧事类备要》别集卷二三"玉蕊花"条载："此花条蔓而生，状如荼蘼，柘叶紫茎，冬凋春茂。花须出，始如冰丝，上缀金粟，花心复有碧筒，仿佛胆瓶，其中别抽一英出众须上，散为十余蕊，犹刻玉然。名为玉蕊，群芳所未有也。"

〔6〕唐昌观：道观名，唐时所建。据北宋宋敏求《长安志》，唐昌观位于唐长安城安业坊横街之北。

〔7〕唐昌公主：（约712—757），唐玄宗李隆基之女，下嫁薛锈。薛锈含冤去世后，于开元二十六年（738年）舍宅为道观，即唐昌观。她从此遁入道门，成为女道士。详参张全民《〈唐昌公主墓志铭〉考释》（《唐研究》第二十卷，2014年，第265—280页）。

〔8〕元和：唐代宪宗时的年号，公元806—820年。

〔9〕二八：指十六岁。二八女子指十六岁左右的年轻女子。

〔10〕丰仪：美好的仪态。

〔11〕婉艳：姿态性情温柔美好，容貌衣饰鲜亮美丽。

〔12〕造：到，去。

〔13〕伫立：久久地站着。

〔14〕曩（nǎng）：过去的、往昔的。

译文

　　曾端伯认为玉蕊花就是琼花，李卫公以为它是山矾，黄山谷以为它是米囊，都是不对的。此花生长在杭州的西山上，花瓣细小而洁白，香气特别浓郁而清远，花蕊像是用玉石雕刻而成。其名玉蕊，就在于此。这一点是其他众多花卉所不具备的。

　　唐昌观里的玉蕊花，是唐昌公主亲手种植的。此后到了元和年间，忽然有一位少女，仪态温婉，衣着艳丽，同几个侍女，直接来到了玉蕊花所在的地方。距玉蕊花还有数十步之远，她们便闻到那非比寻常的飘然而至的香味。这少女被花香深深吸引，久久地站立在那里，随后摘下一朵花，笑着对侍女说："过去的玉峰之约，今天可以去了。"于是乘风飘然飞去。

花从海上来，故以为名。蕊绽时如胭脂点点，开花时则丰神[1]艳冶[2]。及[3]落，若宿妆[4]淡粉。有垂丝[5]，有贴梗[6]，又有生子如木瓜可食者，曰"木瓜"，又有梗枝略坚、单叶粉红者，曰"西府"[7]。贴梗与木瓜相似，木瓜叶粗，花先开，贴梗叶细，花后开。其种有七。以其有色无香，故唐人号为"花中神仙"[8]。

种法

春间将贴梗攀枝着地，以肥土壅之，自能生根。来年十月截断，二月移栽。樱桃接贴梗，成垂丝；梨树接贴梗，成西府，或以西河柳[9]接亦可。花谢结子，须剪去，来年花茂而叶少。

浇法

冬日以糟水[10]浇根下，则来年花色鲜艳。或云糖水，又酒脚[11]，亦可。

养花法

如折海棠插瓶，当薄荷水养之，则花鲜。

注释

〔1〕丰神：富含神采和韵味。

〔2〕艳冶：妖冶艳丽。

〔3〕及：等，待到。

〔4〕宿妆：隔夜的妆容。

〔5〕垂丝：即垂丝海棠，海棠的品种之一，蔷薇科，苹果属，落叶小乔木，拉丁学名*Malus Halliana*。高达5米，树冠疏散，花鲜玫瑰红色，萼片深紫色，萼片比萼筒短而端钝，花梗细长下垂，因此名垂丝海棠。

〔6〕贴梗：即贴梗海棠，海棠的品种之一，蔷薇科，木瓜属，落叶灌木，拉丁学名*Chaenomeles Speciosa*。花开时，3～5朵簇生于老枝上，花梗甚短，花朵似贴附在老枝上，故名贴梗海棠。花有腥红、绯红、淡红和白等色。花期4月前后。株丛呈半圆形，常先叶开花，或伴有少量的嫩叶，色泽艳丽、株形优美，烂漫如锦。

〔7〕西府：即西府海棠，海棠的品种之一，蔷薇科，苹果属，落叶小乔木，树态峭立，幼枝被柔毛。叶片长椭圆形，边缘有小锯齿。伞形总状花序，具花4～7朵，生于小枝顶端，花淡红色。

〔8〕花中神仙：唐人贾耽所著《百花谱》首次称海棠为"花中神仙"。南宋陈思所撰《海棠谱》写道："唐相贾元靖耽著《百花谱》，以海棠为花中神仙，诚不虚美耳。"

〔9〕西河柳：柽（chēng）柳的别名。落叶灌木或小乔木，叶鳞片状。高3～6米，赤茎弱枝，叶细如丝缕，婀娜可爱。一年开3次花，花穗长二三寸，其色粉红，形如蓼花，故又名三春柳。其花遇雨即开，宜植水边池畔。

〔10〕糟水：即酒糟水，酿酒后产生的带有酒渣的水。

〔11〕酒脚：酒器中的残酒。

译文

海棠花从海上来，因此名字中有个海字。花瓣初绽，微微裂开时，就像在花苞顶端轻轻地染了点儿胭脂。花瓣完全盛开时，则神韵丰饶，妖冶艳丽。等到花将凋落时，又像女人隔夜的妆容，残留着淡淡的脂粉。海棠的品种有垂丝海棠、贴梗海棠；又有果实像木瓜且可以食用的，叫木瓜海棠；又有枝梗略硬、单叶粉红色的，叫西府海棠。贴梗海棠与木瓜海棠相似。木瓜海棠叶片稍粗宽，花先开；贴梗海棠叶片稍细窄，花后开。海棠花有七个品种。由于它有色无香，超俗绝尘，唐人称之为"花中神仙"。

【种法】 春季将贴梗海棠的枝条拉引到地面，用肥沃的土壤将枝条压盖并培护好，则枝条自会生根。第二年十月，将枝条和主干截断。再一年的二月将其移栽。樱桃嫁接贴梗海棠，就会长成垂丝海棠。梨树嫁接贴梗海棠，就会长成西府海棠，用西河柳嫁接也可以。如果贴梗海棠花凋谢结子，必须剪去。照这样做，第二年会花朵繁茂而叶子较少。

【浇法】 冬日以酒糟水浇在根的下面，那么第二年花色就会鲜艳。有人说用糖水，也有人说用酒器中的残酒，二者都可以。

【养花法】 如果折一枝海棠插在瓶中，应当用薄荷水浇灌滋养，那么花会开得鲜艳。

秋海棠

一名断肠花，娇冶[1]柔软，真如美人倦①妆。性喜阴，见日即瘁[2]。九月，收枝上黑子，撒于地上，明春即发枝[3]。老根过冬者，花发更茂。

明皇召太真[4]。时卯睡[5]未醒，扶掖[6]而至，酡颜[7]残妆，不能再拜。帝笑曰："真海棠睡未足耳。"

石崇[8]见海棠叹曰："汝若能香，当以金屋贮汝。"后人得昌州[9]种，香艳可人[10]，因目为石家金屋中物。

昌州海棠独香，因号"海棠香国"。然宋真宗咏后苑海棠"清香逐处飘"，王元之[11]咏钱塘海棠"庭花满院香"，秦少游[12]饮海桥海棠[13]多香者，乃知香种不一，楚君应于此消恨。

校勘

① "倦"，原作"卷"，此据明人高濂《遵生八笺》卷一六改。

注释

〔1〕冶：艳丽。

〔2〕瘁（cuì）：枯槁。

〔3〕发枝：发芽。

〔4〕太真：即杨玉环，字太真，唐明皇的宠妃。

〔5〕卯睡：卯时指早晨5点至7点，卯睡即晨睡。

〔6〕扶掖：搀扶。

〔7〕酡颜：饮酒脸红的样子。

〔8〕石崇：字季伦，渤海南皮（今河北南皮）人。西晋大臣、富豪。

〔9〕昌州：古地名，今属重庆市。宋代以来，以"天下海棠无香，昌州海棠
　　　独香"闻名。

〔10〕可人：令人满意，惹人怜爱。

〔11〕王元之：即王禹偁（954—1001），字元之，济州巨野（今山东巨野）
　　　人，宋初诗人。

〔12〕秦少游：即秦观（1049—1100），字少游，一字太虚，号邗沟居士，
　　　高邮（今属江苏扬州）人，有《淮海集》传世。其《淮海集》卷一○
　　　《春日五首（其一）》写到了散发香气的海棠，诗云："幅巾投晓入西
　　　园，春动林塘物物鲜。却憩小庭才日出，海棠花发麝香眠。"

〔13〕海桥海棠：海桥在黄州（今湖北黄冈市）。宋人胡仔《苕溪渔隐丛话》
　　　前集卷五〇及陈思《海棠谱》卷上都引用《冷斋夜话》所载秦观赋海桥
　　　海棠的轶事，但并没有提到海棠的香味："少游在黄州饮于海桥。
　　　桥南北多海棠，有老书生家于海棠丛间。少游醉宿于此，明日题其柱云：
　　　'唤起一声人悄。衾暖梦寒窗晓。瘴雨过，海棠晴，春色又添多少。社
　　　瓮酿成微笑。半破瘿瓢共舀。觉健倒，急投床，醉乡广大人间小。'"
　　　而明代王路《花史左编》卷一六"饮海桥"却为这则轶事中的海棠添
　　　上了香味："《冷斋夜话》：少游在黄州饮于海桥，桥南北多海棠，有
　　　香者。"

译文

　　秋海棠又名断肠花，娇美艳丽，柔俏软媚，真如美人倦于梳妆的娇懒样子。它性喜阴湿，见到阳光就会枯槁。九月，收取枝上的黑子，撒在地上，明年春天就能发芽。过了冬的老根，花开得会更加茂盛。

　　唐明皇召唤杨玉环来侍宴。当时杨太真晨睡还没有完全醒来，被搀扶着前来。她双颊绯红，残妆还未褪去，娇软得已不能再行礼。唐明皇笑着说："真像没有睡足的海棠啊。"

　　石崇对着海棠慨叹说："如果你能够散发幽香，应当用金屋把你收藏养殖。"后世有人得到了昌州海棠花种，芳香娇艳，惹人怜爱，因此将其视作石崇家金屋中的旧物。

　　唯独昌州的海棠花能散发芳香，因此昌州被称作"海棠香国"。然而宋真宗咏后苑的海棠称"清香逐处飘"，王元之咏钱塘海棠花云"庭花满院香"，秦少游赋海桥海棠多数都有香味。由此知道能散发香味的海棠品种并不只在昌州一处。楚君应在这里消除遗憾了。

杜鹃

有三种，出自蜀中者佳，谓之"川鹃"，色红而瓣可[1]十余层。出四明[2]者，三四层而色淡。喜阴恶肥，放置树阴下，以河水浇之，则花鲜而叶茂。别有黄者、紫者、白者。

种法

用山泥[3]，拣去砂石，以羊粪浸水浇之。移来原土，勿去培土，以种。灌以河水，花自荣润[4]。

注释

〔1〕可：大约。

〔2〕四明：浙江省旧宁波府（治所在鄞县，今浙江宁波）的别称，以境内有四明山得名。

〔3〕山泥：取自山林中的腐殖土，系枯枝落叶多年堆积腐烂与土壤相互混合而成，土质呈酸性，适合种植杜鹃、山茶等嗜酸性花卉用。

〔4〕荣润：光华润泽。

译文

杜鹃花有三种，出自蜀地的最好，叫作"川鹃"，颜色鲜红，花瓣有十余层。出产于四明的杜鹃花，花瓣有三四层而颜色较淡。杜鹃花喜欢阴湿的环境，不喜欢肥沃的土壤。将其放置在树荫下，用河水浇灌，则开花鲜艳而且叶子繁茂。另外还有黄色的、紫色的、白色的杜鹃花。

【种法】 用山林中的腐殖土，拣去其中的砂石。把羊粪浸泡在水中，浇在山泥上。将杜鹃花带原土移来，不要去掉培土，然后种下。再用河水浇灌，开的花自然会光华润泽。

玉兰

春半未叶先花，叶似柿①而长，花洁白如玉。其香清馥〔1〕，可亚于〔2〕莲。性忌水。冬间结蕊，至三月盛开。浇以粪水，则花大而香。其瓣可拖面〔3〕煎，味特香美。

校勘

① "柿"，日抄本作"柳"。按：玉兰叶片形状更似柿树叶，而不似柳叶。

注释

〔1〕清馥：清香浓郁。

〔2〕亚于：次于，逊于。

〔3〕拖面：将食材与面糊混和搅拌。

译文

春季过半，还未长出叶子时，玉兰花就开放了。叶片为长椭圆形，像柿子叶一般。花瓣洁白，如玉石般温润有光泽。它的香气清雅浓郁，略逊于莲花。其本性憎恶水。冬日长出花苞，到来年三月盛开。用粪水浇灌，则花会开得更大、更香。玉兰花的花瓣可以和面糊然后煎炸，味道特别香浓美好。

辛夷 〔1〕

花如莲，外紫内白，蕊若笔①尖，故名木笔。一名望春。其本〔2〕可接玉兰。白香山〔3〕辛夷诗云："紫粉笔含尖火焰，红胭脂染小莲花。"〔4〕王摩诘〔5〕辋川〔6〕有玉兰阁、辛夷坞〔7〕。

校勘

① "笔"，原作"华"，此据《遵生八笺》卷一六改。

注释

〔1〕辛夷：亦称紫玉兰、木笔，木兰科落叶小乔木或灌木。早春先叶开花，花大，外面紫色，内面近白色，微香。清人陈淏子《花镜》卷三载，"辛夷，一名木笔，一名望春，较玉兰树差小，叶类柿而长，隔年发蕊，有毛，俨若笔尖。花开似莲，外紫内白。花落叶出而无实，别名侯桃，俗呼猪心花。又有红似杜鹃者，俗呼为石荠。"

〔2〕本：草木的根或茎干，这里指茎干。

〔3〕白香山：即白居易（772—846），字乐天，号香山居士，故此处称白香山。

〔4〕"紫粉笔含尖火焰，红胭脂染小莲花"：出自白居易《题灵隐寺红辛夷花戏酬光上人》，作于长庆三年（823年）。

〔5〕王摩诘：即王维，字摩诘，祖籍祁县（今山西祁县），唐代著名诗人。

〔6〕辋川：在今陕西蓝田县城西南约5千米的峣山间，唐代诗人王维曾隐居于此，是其辋川别业的所在地。王维著有《辋川集》，其《辋川集序》称辋川山谷有"孟城坳、华子冈、文杏馆、斤竹岭、鹿柴、木兰柴、茱萸沜、宫槐陌、临湖亭、南垞、欹湖、柳浪、栾家濑、金屑泉、白石滩、北垞、竹里馆、辛夷坞、漆园、椒园"等风景，但未见有"玉兰阁"。

〔7〕辛夷坞：王维辋川别业二十景之一。王维有《辛夷坞》诗："木末芙蓉花，山中发红萼。涧户寂无人，纷纷开且落。"

译文

　　辛夷花的外形像莲花，花瓣的外表皮是紫色的，内表皮是白色的。花蕾状似毛笔的笔尖，因此又名木笔。还有一个名字叫望春。它的茎可以嫁接玉兰。白居易咏辛夷诗云："粉紫色的花苞如毛笔的笔尖跳动着火焰，盛开的花朵又像被胭脂染红的小莲花。"王维辋川别业有玉兰阁、辛夷坞等风景。

玫瑰

　　出燕[1]中者，色黄，花稍小。紫者，多不久，缘人溺[2]浇之即毙。种以分根则茂，本[3]肥多悴[4]，黄亦如之。花时异香氤氲[5]，如披紫绡[6]。色、香、韵、态，无一不绝，故又名"徘徊花"。其根傍新枝，勿令久附，即宜别植，则花繁而本亦不零落。花以糖浸之，可食。

　　宋内苑[7]植玫瑰百本，开时宫人竞采之，杂脑麝[8]以为香囊，芳芬袅袅[9]不绝。

注释

[1] 燕（yān）：周代诸侯国名，拥有今河北北部和辽宁西端，建都蓟（今北京城西南隅）。战国时成为七雄之一。

[2] 溺（niào）：同"尿"，小便。

[3] 本：根。

[4] 悴：枯萎。

[5] 氤氲（yīn yūn）：烟气、烟云弥漫的样子。

[6] 绡：生丝或以生丝织成的薄绸子。

[7] 内苑：皇宫中的花园。

[8] 脑麝：龙脑与麝香的并称，亦泛指此类香料。龙脑指蒸馏龙脑树的树干而得到的像樟脑的物质，有清凉气味。

[9] 袅袅：形容烟气缭绕升腾。

译文

出产于北方燕地的玫瑰，花为黄色，稍小。紫色的玫瑰，多数不能开得长久，这是用人的小便浇的缘故，因此花会死去。分根种植就会茂盛，根部土壤太肥沃，就容易枯萎。开花时节，奇异的香味弥散开来，如披着一件紫色的薄绸。玫瑰花的颜色、香气、韵味、姿态，每一方面都非比寻常，因此又名"徘徊花"。不要让它的根旁边新长出的小枝长时间地附着在老根上，应该及时分根，在其他地方另行种植，则花朵繁茂，而茎也不会枯槁。花用糖水浸泡，可以食用。

宋代皇宫的花园中种植着一百株玫瑰。花开时宫人竞相采撷，再掺杂一些龙脑和麝香制成香囊，芳芬之气就会袅袅不绝。

茉莉

此花出自海南，故性畏寒。开自夏初，直至秋末。蕊初绽时，花心如珠，莹润可爱。采以拌茶，香生齿颊。间有千瓣者，名曰素馨，香韵亦似。今吴中[1]又有紫、黄二种，虽无香而色亦媚。

浇法

性喜肥，以米泔水浇之，花开不绝。或以皮屑水浇，亦可。或云壅以鸡粪，六月六日以活鱼腥水浇之，尤妙。

分法

梅雨中，从节边摘断，插肥土中阴湿处，即活。

宋刘氏妾，名素馨，素爱千叶茉莉，既死，冢生此花，因袭名素馨花。

东坡[2]谪儋[3]耳，见黎女[4]竞簪[5]茉莉，戏咏云："暗麝著人簪茉莉。"[6]

注释

〔1〕吴中：旧时吴郡或苏州府的别称，是春秋时吴国都城所在地，今属江苏苏州。

〔2〕东坡：即苏轼，字子瞻，号东坡居士。

〔3〕儋：即儋州，治所在义伦县（今海南省儋州市西北中和镇）。1094年，苏轼被贬到儋州。

〔4〕黎女：指黎族女子。黎族是我国岭南民族之一，主要聚居在海南省部分市县。

〔5〕簪：插、戴。

〔6〕"暗麝著人簪茉莉"：语出苏轼咏茉莉散句："暗麝著人簪茉莉，红潮登颊醉槟榔。""暗麝著人"和"簪茉莉"构成因果关系，意思是由于簪戴茉莉，所以身上散发出如麝香般的幽香。

译文

此花出自海南，因此生性惧怕寒冷。花从夏初一直开到秋末。花蕊刚刚绽放时，花蕾如洁白的珍珠，光滑温润，十分可爱。采下茉莉花，与茶叶混合，可精心制成茉莉花茶，饮后清香之气会从齿颊中溢出。也有多层花瓣、名为素馨的花，香气和韵味都与茉莉相似。今吴中地区又有紫色和黄色两种茉莉，虽然花朵没有香味，但颜色却十分妖媚。

【浇法】 茉莉花喜大肥，用淘米水浇灌，花开不断。用皮屑水浇洒也可以。有人说将鸡粪培在茉莉的根部，在六月六日这天用剖鱼剩下的鱼腥水浇洒，效果尤其好。

【分法】 梅雨时节，从茎上分节的部位摘断，插在肥沃的土中，置于阴凉潮湿的地方，就能成活。

宋人刘氏的侍妾，名叫素馨，向来喜欢千叶茉莉。死后，她的坟墓上长出了千叶茉莉花，因此就沿用她的名字为花命名为"素馨"。

苏东坡被贬谪到儋州，见黎族女子竞相插戴茉莉花，戏咏云："幽幽的麝香从女子们的身上散发出来，原来是因为她们头上插戴了茉莉花。"

一名合欢。立夏日，看蕊红纹香淡者，名百合；蜜色〔2〕而香浓，朝舒而夕敛者，名夜合。柳柳州〔3〕诗云："夜合花开香满庭。"〔4〕韩〔5〕诗："所爱夜合花，清馥逾众芳。"〔6〕

嵇①〔7〕中散曰："萱草忘忧，合欢蠲忿。"〔8〕

校勘

① "嵇"，原作"稽"，误。"萱草忘忧"句出自嵇康《养生论》。

注释

〔1〕夜合：常绿灌木或小乔木。原产我国，木兰科，木兰属。叶革质，椭圆形，边缘稍反卷，亮绿洁净；花梗向下弯垂，花近球形，黄白色，夜间极香。据晋朝周处《风土记》记载，它的叶子早晨舒展，傍晚合拢，故名夜合。

〔2〕蜜色：有如蜂蜜般的淡黄色。

〔3〕柳柳州：即柳宗元。柳宗元（773—819），字子厚，世居河东（今山西永济），唐代著名文学家和思想家。元和十年（815年）三月，被贬为柳州（今广西柳州）刺史。在任期间，柳宗元勤政爱民，重视生产，大力发展农、林、牧业及文教事业，留下了不少政绩。政事之余，他游历柳州山水，写下了《柳州山水近治可游者记》等多篇诗文，生动描绘了当地山川的特异风光。元和十四年（819年）十一月，柳宗元于柳州病逝。因柳宗元终官于柳州，故世称"柳柳州"。

〔4〕"夜合花开香满庭":此句实出唐窦叔向《夏夜宿表兄话旧》一诗,全诗曰:"夜合花开香满庭,夜深微雨醉初醒。远书珍重何曾达,旧事凄凉不可听。去日儿童皆长大,昔年亲友半凋零。明朝又是孤舟别,愁对河桥酒幔青。"文中说"柳柳州诗云"为误。

〔5〕韩:指韩琦(1008—1075),字稚圭,相州安阳(今河南安阳)人,北宋著名政治家。

〔6〕"所爱夜合花,清馥逾众芳":此句出自韩琦《夜合》,"馥",一作"芬"。全句作:"俗人之爱花,重色不重香。吾今得真赏,似矫时之常。所爱夜合花,清芬逾众芳。"此句的意思是"我所爱的夜合花,清香超过了其他花卉"。

〔7〕嵇中散:即嵇康(223—263),字叔夜,谯国铚(今安徽宿县)人,魏晋时期著名思想家、文学家、音乐家。曾为中散大夫,故世称"嵇中散"。

〔8〕"萱草忘忧,合欢蠲(juān)忿":语出嵇康《养生论》,意思是萱草可以使人忘却忧愁,合欢可以使人消除忿怒。此处所说合欢为含羞草科植物,落叶乔木,高约16米。花有柄,雄蕊多数,细长,粉红色,夏末或秋季开放,别名绒花树。其叶为二回偶数羽状复叶,叶形雅致,昼开夜合,又名夜合。合欢宜作庭荫树、行道树。此合欢与本词条夜合,虽同名,同是昼开夜合,却是两类不同的植物。

译文

夜合又名合欢。立夏之日,看花蕊有红色花纹而香味清雅的,名叫百合;像蜂蜜般淡黄色而香味浓郁,早晨舒展而傍晚收拢的,名叫夜合。柳宗元诗云:"夜合花开香满庭。"韩琦诗云:"所爱夜合花,清馥逾众芳。"

嵇中散说:"萱草可以使人忘却忧愁,合欢可以使人消除忿怒。"

萱花

〔一〕

花有三种，单瓣者可食，千瓣食之，杀人。惟蜜色者，香芬雅态，最称幽人清供。至夜更香。春苗可食，夏花可餐，较之他花，更多此二事。

又名宜男，妇人佩之，多男。

明皇对桃花语贵妃曰："不特〔1〕萱草忘忧，此花亦能消恨。故亦名忘忧草。"

注释

〔1〕萱花：百合科多年生宿根草本植物。一名忘忧草，又名宜男草。叶弱四垂，花开六出，色黄微带红晕，朝放暮蒬。

〔2〕不特：不仅。

译文

萱花有三种，单瓣的可以食用，千瓣的如果被人食用，会被毒死。只有如蜂蜜一般淡黄色的一种，香气芬芳，姿态淡雅，最为人所称道，是幽居之人清雅的供品。到了夜晚，萱花的香气更加浓郁。萱花春天的幼苗可以食用，夏季的花朵亦可以食用，和其他花相比，多了这两项功用。

萱花又名宜男草，妇人如果佩带它，则生子多为男孩。

唐明皇凝视着桃花对贵妃说："不仅萱草能使人忘却烦忧，桃花也能使人消除怨恨。因此桃花也叫忘忧草。"

梨花

　　春暮百花开尽，始见梨花靓艳。寒香自甘寂莫，而醉月欹风，含烟带雨，潇洒之致，莫可与并。王昌龄[1]诗云："落落寞寞路不分，梦中唤作梨花云。"[2]故梨花之妙，未可以言语形容。唐有紫梨[3]，宋有红梨[4]，俱奇绝。野有棠梨[5]，花纤媚如梨而香韵逊之，用以接梨最大。袁石公[6]诗："醉里不知花是影，隔纱惊起小扬州。"[7]

　　洛阳梨花开时，人多携酒树下，曰："为梨花洗妆。"

　　骊山[8]绣岭[9]下，有梨园[10]。唐子弟[11]按曲[12]于此中。有紫花梨。

　　夷陵堂下红梨盛开，欧阳公[13]造饮，有绛雪尊前舞之，因颜曰"绛雪堂"[14]。

　　侯穆[15]郊行，见少年共饮梨花下。穆长揖[16]就坐，众哂[17]之曰："能诗者饮。"穆口占[18]梨花云："清香来玉树，白蚁泛金瓯。妆靓青蛾妒，光凝粉蝶羞。"众客阁笔。

　　浙俗酿酒趁梨花时，号"梨花春"。

注释

[1] 王昌龄：王昌龄（698—757），字少伯，京兆长安（今陕西西安）人。盛唐著名边塞诗人，后人誉为"七绝圣手"。

[2] "落落寞寞路不分，梦中唤作梨花云"：此句实出唐人王建《梦看梨花云歌》。全诗16句，首二句为："薄薄落落雾不分，梦中唤作梨花云。"原作"王昌龄诗"为误。

〔3〕紫梨：传说中的仙梨，一千年才开花结果，大如升斗，色紫。见旧题汉郭宪《汉武帝别国洞冥记》卷二。后遂用为咏仙境仙果之典故，如唐代曹唐《小游仙诗·风满涂山玉蕊稀》："紫梨烂尽无人吃，何事韩君去不归。"李吉甫《九日小园独谣赠门下武相公》："树杪悬丹枣，苔阴落紫梨。"

〔4〕红梨：宋代欧阳修任夷陵县令时有诗《千叶红梨花》"风轻绛雪樽前舞，日暖繁香露下闻"，因此指花为红叶，不是指果实为红色。

〔5〕棠梨：据明代李时珍《本草纲目》记载，棠梨是一种野梨，它的嫩叶、花均可烘熟充饥。棠梨树比梨树小，叶似苍术叶，叶边都有锯齿。2月开白花，果实霜后可食。棠梨树与梨树嫁接最好。

〔6〕袁石公：即袁宏道。袁宏道（1568—1610），字中郎，号石公，又号六休，湖广公安（今湖北公安）人，明代著名的文学家。

〔7〕"醉里不知花是影，隔纱惊起小扬州"：诗句出自明代袁宏道《梨花初月夜》"梨花初点贴窗流，斜月笙箫处处楼。醉里不知花是影，隔纱惊唤小扬州"（袁宏道《袁中郎全集》卷三二）。

〔8〕骊山：在陕西省临潼县东南，因古骊戎居此得名，是著名的游览、休养胜地，又名郦山。

〔9〕绣岭：山名。在今陕西省临潼县骊山上，有东、西绣岭。以山势高峻，如云霞绣错，故名。

〔10〕梨园：唐玄宗在内廷设置的音乐歌舞教习场所，因地点设在宫廷禁苑果木园圃"梨园"而得其名。据元代骆天骧《类编长安志》卷四《天宝故事》记载，骊山上也有梨园，唐玄宗选宫人为梨园弟子，制梨园雅曲。

〔11〕子弟：戏曲艺人。元白朴《梧桐雨》楔子："高力士，你快传旨排宴，梨园子弟奏乐，寡人消遣咱。"

〔12〕按曲：击节唱曲。

〔13〕欧阳公：即欧阳修（1007—1072），字永叔，号醉翁，又号六一居士，吉州永丰（今属江西）人，北宋著名政治家、文学家。景祐三年（1034年）被贬到夷陵任县令。

〔14〕绛雪堂：故址在今湖北宜昌市欧阳修公园内。此堂因欧阳修《千叶红梨花》诗"风轻绛雪樽前舞"一句而得名。红梨花为夷陵特产，花片红艳轻薄，飘落如绛雪。

〔15〕侯穆：字清叔，蔡州汝阳（今河南汝南）人，生活于北宋熙宁元丰间。

〔16〕长揖：拱手高举，自上而下行礼。

〔17〕哂：讥笑。

〔18〕口占：指作诗文不起草稿，随口而成。

译文

暮春时节，百花凋尽，才看到梨花靓丽娇艳的姿容。它散发寒香，心甘情愿地品味寂寞。然而它沉醉月下，欹斜风中，氤氲烟雨中那份潇洒的意致，是其他任何花卉都无法媲美的。王昌龄诗云："梨花如雪片般纷纷飘路，掩盖了小路，我梦中将它唤作梨花云。"因此，梨花的美好，真是无法用言语来形容。唐代有紫梨，宋代有红梨，都十分奇绝。郊野中有棠梨，花朵纤细美好如同梨花一般，而香气韵味却不及梨花。将它嫁接到梨树上，结出的梨最大。袁石公诗云："醉里不知是花还是影，隔着窗纱惊讶这莫非是扬州的琼花！"

洛阳梨花开时，人们常常携酒来到梨树下聚饮，说："这是为梨花洗妆。"

骊山绣岭下，有梨园。唐朝梨园中的戏曲艺人在这里击节唱曲。园中有紫花梨。

夷陵堂下红梨花盛开，欧阳公到这里饮酒，有红色的花瓣如雪花般轻盈，在酒杯前徐徐飞舞，因此将此堂命名为"绛雪堂"。

侯穆到郊外散步，见几个少年在梨花树下聚饮。侯穆拱手高举，行礼后入席坐下。众人讥笑他说："会做诗的才能

喝酒。"侯穆随口以梨花为题作诗一首："清香从梨树上飘来，莹洁细小的花瓣飘落在精致华美的酒杯之中。她的妆容是那样靓丽光洁，使青蛾都嫉妒，使粉蝶在她面前都感到羞愧。"众宾客自叹不如，都放下了笔。

浙地的风俗是趁梨花盛开时酿酒，酒名曰"梨花春"。

〔清〕恽寿平 绘

杏花

杏为东方岁星[1]之精，叶似梅而差大[2]，花先红而后白。妖冶艳丽，与夭桃[3]相伯仲[4]，而开差早。故二月街头卖杏花，此声闻之，令人魂消心醉。有黄花者，世称绝品。又海东[5]有文杏[6]，一株花开五色。

种法

将杏带肉埋其核于粪中，至春即换地移栽，杏以核出者接枝，来年即生[7]。今陕西出八丹杏[8]，肉多查[9]，不可食，惟取其仁。

铜陵[10]有杏山，昔传葛仙翁[11]种杏于此。山下有溪，落英飞堰[12]上，名"花堰"。山外环里皆杏，名"杏花村"。

扬州太守[13]，植杏花数十畷[14]。每烂[15]开一株，令一妓倚其傍[16]，立馆曰"争春"。

唐进士初会杏林[17]，谓之探春宴[18]。以少俊二人为探花使，遍游名苑，若他人先折得花，二人皆有罚。

明皇游别殿[19]，柳杏将吐，叹曰："对此景物，不可不与[20]判断[21]。"命力士[22]取羯鼓[23]，临轩[24]纵击，传旨命奴[25]奏《春光好》[26]一曲。回顾柳杏，皆已粲发矣。

注释

〔1〕岁星：即木星。古人认识到木星约十二年运行一周天，其轨道与黄道相近，因此将周天分为十二分，称十二次。木星每年行经一次，即以其所在星次来纪年，故称岁星。

〔2〕差（chā）大：略微大一些。

〔3〕夭桃：《诗·周南·桃夭》云："桃之夭夭，灼灼其华。"后因以"夭桃"称艳丽的桃花。

〔4〕伯仲：指兄弟的次第，伯为兄，仲为弟。此处比喻人或事物不相上下，难分优劣高低。

〔5〕海东：指海以东地带。常指日本。

〔6〕文杏：古代杏树的珍贵品种。汉人刘歆《西京杂记》载："初修上林苑，群臣远方各献名果异树。……杏二：文杏，蓬莱杏。"又贾思勰《齐民要术》记载，"文杏实大而甘，核无文采"，是说文杏的核很光滑，没有纹采。

〔7〕即生：即实，就会长出果实。清人王芷《稼圃辑》写道："杏以核出者接枝，来年即实。"

〔8〕八丹杏：一名巴丹杏，为杏的别种。实小肉薄，唯独果仁甘美。

〔9〕查（zhā）：同"渣"，渣滓，杂质的意思。

〔10〕铜陵：产铜之山。亦指铜陵县，今属安徽铜陵市。

〔11〕葛仙翁：一指葛玄，一指葛洪。

〔12〕堰：堤坝。

〔13〕太守：官名，为一郡最高行政长官。

〔14〕畷（zhuó）：田间小路。

〔15〕烂：明亮、有光彩，绚丽的样子。

〔16〕傍：同"旁"，旁边，侧面。

〔17〕杏林：原是医药界的代称，缘于三国时神医董奉的故事。这里实际上指的是杏园，据清代徐松《唐两京城坊考》，杏园在唐代长安城东南之通善坊，北接大慈恩寺，东临曲江池，以盛植杏树而著称，为都人游赏之地。唐代新科进士在放榜之后常在此宴游欢庆。杏园遗址在今西安南郊庙坡头村，南至植物园附近。

〔18〕探春宴：原指古代风俗，流行于唐代长安等地。据五代王仁裕《开元天宝遗事·探春》记载，每当正月十五之后，京都长安人家无分官宦士庶，都要乘车跨马携带酒食到园圃宴饮或到郊外踏青游春以为娱乐，时人称这种野宴作探春之宴。此处探春宴实际上指的是探花宴，即唐朝省试之后，及第进士宴于杏园，并选年少、俊秀者二人为探花使，遍访名园，折取名花，因将此宴称为"探花宴"。

〔19〕别殿：即偏殿，有别于正殿，古时帝王休息消闲之所。

〔20〕与：参与。

〔21〕判断：欣赏。

〔22〕力士：即高力士，唐玄宗时宦官。本姓冯，后为宦官高延福养子，改姓高。高州良德（今广东高州东北）人。

〔23〕羯鼓：我国古代的一种鼓。南北朝时从西域传入，盛行于唐开元、天宝年间。据唐代南卓《羯鼓录》记载，其形制如黑桶，下以牙床承之，两面蒙皮，用两杖击打，故又名"两杖鼓"。《新唐书》卷二记载了唐玄宗善于击打羯鼓的故事。

〔24〕临轩：指在前殿。古时皇帝不坐正殿而在殿前平台上接见臣属，叫"临轩"。

〔25〕奴：乐工。

〔26〕《春光好》：唐教坊曲名。据唐人南卓《羯鼓录》记载，唐玄宗见春光明丽，临轩击鼓，遂成《春光好》之曲。后用作词牌。

译文

杏花为东方岁星的精华，叶子与梅形状相似但比梅叶略微大一些。杏花刚开放时为粉红色，之后就渐渐变成了白色。杏花妖娆艳丽，与艳丽的桃花不相上下，只是花开得略微早一些。因此在二月时听到街头叫卖杏花的声音，令人魂销心醉，十分欢畅。有开黄色花朵的杏花，世称绝品。大海以东地区有文杏，一株能开五种不同颜色的花。

【种法】 将杏连肉带核埋到粪土中，到春天出芽后，就移栽到别的地方。用从杏核中长出的杏枝来嫁接，第二年就能结出果实。今陕西出产的八丹杏，杏肉多杂质，不能食用，只有杏仁可以取用。

铜陵有杏山，传说葛仙翁曾在这里种杏。山下有溪水，落花飘落到堤坝上，称作"花堰"。山外周匝为杏树所环绕，称作"杏花村"。

扬州太守，在十几条田间小路上都栽植了杏树。每当一株杏花开得光彩绚丽时，他就指令一个歌妓斜靠在杏树旁边，并建立馆舍，名曰"争春"。

唐朝新及第的进士首次在杏园宴会，称作"探花宴"。以其中两名年少、俊秀的进士作为探花使者，他们要骑马游览遍长安名苑，折取名花而归。如果被他人折得最先开放的花朵，那两位探花使者都会受到责罚。

唐明皇游览别殿，见柳叶将萌，杏花欲发，感叹道："面对这样美好的景物，不能不好好欣赏一番。"于是命令高力士取来羯鼓，在前殿纵情击鼓，同时传旨命令乐工编奏一曲，名曰《春光好》。此时回头再看柳叶与杏花，都已绽放，灿烂耀目。

桃花

他花皆以少为贵，至桃花不择地而蕃[1]，几令人以凡品目之。不知春日烂开，飞红零乱，李后主[2]之"锦洞天"[3]，唐明皇之"消恨馆"，千秋绝艳，可令他卉无色。有美人、鸳鸯、寿星、金桃，花种不一类，另有黄桃，以为第一。

种法

宜于暖处、肥土，取核将小头向下，厚盖松土。春深芽生，带土移种，三年即实。若不移，实小而苦。桃性急，四年以上，宜以刀碎其皮[4]，否则皮急[5]而死。一法取核刷净缝中肉，令女子艳妆下种，则他日花艳而子多。社日[6]令持石压枝，则实牢。树蛀以猪头汁[7]冷浇则好。枝头生小虫，则以油竹[8]灯挂梢间，则纷纷随下，此物理之不可晓，然试之即验[9]。

桃花之艳冶，莫盛于西湖之六桥[10]、长堤[11]春晓。芳媚袭人，游之如入锦队，晋人①桃花源，应不是过。

石曼卿[12]以泥裹桃核为弹，抛掷峻岭，后花发满山如绣。

唐崔护[13]游城南，见庄居，桃花绕宅。扣门求浆[14]，有女子应之。因注目，良久，如不胜情而入。明年复往，不遇。护题诗左扉曰："去年今日此门中，人面桃花相映

红。人面不知何处去，桃花依旧笑春风。"后花开俱如
其面。

明皇御苑有千叶桃，因折为贵妃簪之，曰："此花亦能
助娇。"宫中名为"助娇花"。

志勒禅师[15]，以桃花而悟道。

安期生[16]以墨洒石上，遂成桃花，至今六出。

校勘

① "晋"，原作"唐"，据陶渊明《桃花源记》改。

注释

[1] 蕃（fán）：繁衍生息。

[2] 李后主：即李煜（937—978），字重光，号钟隐，初名从嘉，徐州
（今属江苏）人。南唐中主李璟第六子，公元961年嗣位，史称南唐
后主。

[3] 锦洞天：宋代陶谷《清异录》卷二记载，李后主每到盛春时节，就令人
在梁栋、窗壁、柱拱、阶砌上安置许多隔筒（盛放插花的小筒），密密
地插一些杂花，然后题榜曰"锦洞天"。李煜之"锦洞天"插的是"杂
花"，与桃花并无直接关系。

[4] 碎其皮：以刀竖割其皮。

[5] 皮急：皮紧。

[6] 社日：古代祭祀土神的日子，一般在立春、立秋后第五个戊日，谓之春
社或秋社。此处指春社。

[7] 猪头汁：此处应为"煮猪头汁"，《种树书》《致富奇书》《本草纲
目》《花史左编》等述及桃树种法，皆作"煮猪头汁"。

[8] 油竹：竹子的一种，属丛生竹类。主要用来劈篾编织竹器，篾性强韧，
制成的竹器比撑篙竹所编结的竹器更为耐用。另外，毛竹经加工成为褐
色如旧竹者，也称为油竹。本处应指前者。

[9] 验：有效果。

[10] 六桥：指西湖苏堤上的六座桥，自北而南分别为跨虹桥、东浦桥、压堤桥、望山桥、锁澜桥、映波桥，为北宋苏轼任杭州知州时所建。苏轼有诗描述了六桥的奇丽，《轼在颍州与赵德麟同治西湖，未成，改扬州。三月十六日湖成，德麟有诗见怀次韵》："六桥横绝天汉上，北山始与南屏通。"南宋周密《武林旧事》卷五也写道：苏公堤"夹道杂植花、柳，中为六桥"。

[11] 长堤：即苏堤，贯穿西湖南北，长2.8千米，同样是苏轼任杭州知州时所筑，苏轼命人将疏浚西湖挖出的淤泥堆积成了一条沟通西湖南北两岸的长堤。沿堤遍植桃柳，春色之中，六桥烟柳笼纱，莺声婉转动人，人称"苏堤春晓"，为"西湖十景"之一。

[12] 石曼卿：即石延年（994—1041），曼卿为其表字。北宋宋州宋城（今河南商丘南）人，著名诗人。真宗时，石曼卿官大理寺丞，后任太子中允、秘阁校理。有军事才能，关心边防；气节自豪，不务世事；为文劲健，尤工于诗词。

[13] 崔护：字殷功，蓝田（今属陕西）人，唐朝著名诗人。唐代孟棨《本事诗》记载，崔护考进士落榜后，于清明日独游都城南庄。途中口渴，在一户人家门口敲门借水。此户人家的女孩开门奉上一杯清水，然后倚着一棵小桃树静静伫立，看他喝水，似乎情意深婉的样子。第二年的清明日，崔护再一次来到这户人家的门口，门是锁着的，于是崔护就即兴于左扇门上题诗一首，曰："去年今日此门中，人面桃花相映红。人面不知何处去，桃花依旧笑春风。"后来，女子回来看见了门扇上的诗，绝食数日而死。崔护恰巧又来到了这里，扶持着女子的尸体痛哭不已。没想到的是，女孩又复活了，于是二人结为伉俪。

[14] 浆：本义指饮料，这里指水。

[15] 志勒禅师：实应为志勤禅师。据宋人释普济《五灯会元》卷四载，志勤，俗姓许，福州长溪（今福建霞浦）人，云灵寺僧人。出家后拜沩山灵祐为师，因偶然的机会因桃花而悟道。他有一偈曰："三十年来寻剑客，几回落叶又抽枝。自从一见桃花后，直至如今更不疑。"

[16] 安期生：秦朝术士，传说中的仙人。姓安期，琅琊（今山东诸城、胶南一带）人。相传受学于河上丈人，卖药东海边，时人皆言其千岁。也有称秦始皇东游琅琊，曾与语三日夜；汉武帝时，术士李少君自称"尝游海上，见安期生"。《汉书·郊祀志上》称仙人安期生居住在蓬莱仙岛之上。还传说安期生曾在定海（今属浙江省舟山市）桃花山隐居炼丹。

译文

其他花卉都以稀少为贵重，而桃花无论在什么地方都能繁衍生息，几乎使人把它视为极为普通的花卉品种了。却不知桃花在早春灿然绽放，至暮春落红飘零，李后主的"锦洞天"，唐明皇的"消恨馆"，千年之中艳丽无比，可以使其他花卉黯然失色。桃花有美人、鸳鸯、寿星、金桃等品种，花色品种都不是同一类。另有称为黄桃的品种，人们认为它在桃花各品种中可以排第一。

【种法】 桃花适宜温暖的气候条件和肥沃的土壤环境。取一枚桃核，将小头向下，然后厚厚地盖上一层疏松的泥土。待春意越来越浓郁，幼芽萌发后，就带土移种到他处，这样过三年就可以长出果实了。如果不移栽，果实就会小而味道苦。桃树性急，四年以上的桃树，应当用刀竖割其皮，否则会因树皮紧缩而死。有一个方法可令花艳实繁。取一枚桃核，将核皮纹理上的果肉刷洗干净，让一名装束艳美的女子将其种下，那么日后桃花就会格外艳丽而且果实繁多。春社日令人搬来石块压在桃枝上，那么果实就会长得很牢固。如果树遭虫蛀，将煮猪头的水冷却后浇灌，树况就会变好。如果枝头滋生小虫，就用油竹灯挂在桃树树梢之间，那么小虫就会纷纷落下。这种方法让人无法理解，但是只要试一试就会发现十分有效。

论桃花的艳丽妖冶，最繁盛的地方莫过于西湖的六桥和苏堤了。沿堤遍植桃树，春日黎明时节，桃花芬芳美好，沁人心脾，游览其中，如入歌儿舞女的行列之内。晋人的桃花源，也不过如此吧。

石曼卿用泥包裹桃核作为引弓发射的弹丸。他将这些桃核抛掷到崇山峻岭之中。此后桃树长成，桃花绽放，漫山遍野，如同锦绣。

唐代诗人崔护在都城之南游览，见到一处庄院，桃花环绕四周。他敲门借水，有一女子应声而出。她对崔护款款凝视，不觉过了很多时间。崔护走时，女子似乎未能尽情尽意，恋恋不舍地回去了。第二年，崔护再一次来到这里，没有遇到去年的那个女子。崔护在左门板上题诗曰："去年今日此门中，人面桃花相映红。人面不知何处去，桃花依旧笑春风。"此后桃花盛开，都像那女子的容貌一样美丽。

唐明皇的御花园里有千叶桃花。他折下一枝为杨贵妃簪在发髻上，并说："这桃花能使你更加娇美。"于是宫中皆称桃花为"助娇花"。

志勤禅师因桃花而顿悟禅理。

安期生把墨汁挥洒在石头上，便成了桃花，至今仍然是六瓣。

李花

评花者，言桃必言李。然桃花妖娆烂漫，可以昼观；李花淡雅香洁，兼可夜赏。另一种曰"来禽花"〔1〕，似李而香，韵亦不减。

种法

腊中取出枝上发起小条，分种别地。稍长，又栽，即大，不宜肥地。

槜李城〔2〕李花极盛，吴夫差〔3〕同西施赏之。西子因醉酒，酡颜〔4〕残妆，倒卧花茵中，后号"醉李城"。

注释

〔1〕来禽花：蔷薇科落叶小乔木，又名林檎花、月临花等。

〔2〕槜李城：古地名，在今浙江省嘉兴县西南。

〔3〕夫差：姬姓，吴王阖闾之子。春秋末年吴国国君，前495—前473年在位。

〔4〕酡颜：由于饮酒而脸红。

译文

赏评花卉的人，说到桃花必然会提及李花。然而桃花艳丽妩媚、光彩绚烂，最适宜白天观赏；李花清淡婉雅、芬芳素洁，还适宜在夜间观赏。别有一种花，名曰"来禽花"，花瓣的形状与香气都和李花相似，姿韵也不输于李花。

【种法】 腊月取出枝上新萌发的小条，另种在其他地方。小条稍长大一些再移栽，就会长大。不宜种在肥沃的土地上。

携李城中的李花极其繁盛。吴王夫差携同西施一起观赏。西施喝醉了，脸色红润带着残留的晚妆，卧倒在了花丛之中。这之后此城便被称为"醉李城"。

石榴

石榴，来自安石国[1]。海榴[2]，来自新罗国。饼子榴[3]，则花大而不实。山东有翻花榴[4]，花开最大。又有一种，本不过二尺，栽盆中，结子亦大。榴开盛夏，与日斗丽，灿烂鲜明。又燕中有黄者、白者，雅艳[5]出城，较之红榴，更觉妖媚，且于花中能更发一蕊如台莲，然花中佳品也。

种法

二月初，取嫩枝如指大者，长尺许，以指甲刮去一二寸皮，深插于背阴[6]处，多以石压根。性喜肥，以浓粪浇之。如已活，移于有日色[7]处，以其性喜日故也。

浇法

常以肥水灌之。如花迟，取滚汤，烈日中浇之，则发蕊①。

盆榴

其嫩头长出，摘去则枝不长，而本大叶细。

顿孙国[8]石榴，取花汁停杯中，数日成美酒。

校勘

① "蕊"，底本缺，此据南京图书馆藏本补。

注释

〔1〕安石国：安国和石国。安国，古国名，故地在今乌兹别克斯坦布哈拉一带。石国，古国名，故地在今乌兹别克斯坦的塔什干一带。

〔2〕海榴：又名海石榴。因来自海外，故名。

〔3〕饼子榴：石榴的一种，花大，不结实。明人文震亨《长物志》卷一一载："千叶者名饼子榴，酷烈如火，无实，宜植庭际。"

〔4〕翻花榴：石榴的一种，又名番石榴，出山东，花大于饼子榴。

〔5〕雅艳：娇美不俗。

〔6〕背阴：阳光照不到的地方。

〔7〕日色：日光。

〔8〕顿孙国：又作顿逊国。古国名，故地在今缅甸德林达依（Tanintharyi）一带，一说泛指马来半岛北部，其主要港口在今董里（Trang）。

译文

　　石榴，来自安国和石国。海榴，来自新罗国。饼子榴，花盘大但不结实。山东有一种翻花榴，花开得最大。又有一种石榴，枝干高度超不过二尺，栽到盆中，结的石榴子也很大。石榴花在盛夏绽放，似乎要与太阳比一比谁更艳丽，色彩绚丽耀眼。北方燕国地域有黄色的和白色的石榴花，娇美不俗，与红色的石榴花相比，更为妩媚，而且在花朵中间能够再长出一枝，就像台莲那样，是花中的佳品。

　　【种法】　二月初，取来约手指头粗细的嫩枝，长一尺左右。用指甲刮去一两寸长的表皮，深深地插在阳光照不到的地方，再用石头压住它的根部。石榴本性喜爱肥沃的土壤环境，可以用浓稠的粪水浇灌。如果已经成活，就将其移栽到有阳光的地方，这是由于它天性喜欢阳光。

【浇法】 要常用肥沃的水浇灌石榴花。如果石榴花开得晚，取来热水，在烈日中浇灌它，它就会发花了。

它的嫩头长出后，如果将其摘掉，那么枝条就不会长得很长，而枝干就会长得粗大，叶子细小。

顿孙国的石榴，取石榴花汁静置于杯中，几天后就酿成了美酒。

〔明〕项圣谟 绘

山茶

花种不一，惟滇茶[1]最佳。又名宝珠花[2]，大如碗心，如鹤顶。有黄、红、白、粉四色，黄心而大红为盘者，名玛瑙茶[3]，产浙之温郡。又有白宝珠，九月发花，幽香雅洁，真同美人，茶中佳品也。

接法

二月或腊月皆可，春深肥壅，以单叶接千叶，花茂，以冬青接，则花青色。奇种可人，然多不活，当细心培之。

张籍[4]性耽花卉，闻贵侯家有山茶一株，度不可得，乃以爱姬换之，时号"花淫"。《小史》曰："爱妾换花，亦一韵事。"

注释

〔1〕滇茶：即滇山茶，产于云南的山茶花，简称"滇茶"。清人陈确《滇茶行》云："滇南亦有山茶花，江东名之曰'滇茶'。大如牡丹，细心如石榴，见者惊叹称绝佳。"《（雍正）云南通志》卷二九称："滇中山茶，天下第一。"

〔2〕宝珠花：即清人陈淏子《花镜》中所说的宝珠茶，它的花瓣浓密，层层叠叠，攒簇殷红，如若丹砂，主要出产于苏州与杭州。

〔3〕玛瑙茶：据清人陈淏子《花镜》，玛瑙茶出产于温州，花心颜色有红色、黄色、白色和粉色，花盘颜色为大红色。

〔4〕张籍：张籍（约767—830），中唐著名诗人。字文昌，祖籍吴郡（今江苏苏州），寄籍和州乌江（今安徽和县东北）。贞元十五年（799年）进士。仕至国子司业，故世称张司业，又因曾任水部郎中，又称张水部。有《张司业集》。

译文

山茶花的品种各不相同，唯独滇茶最佳。茶花又名宝珠花，大小如碗心，颜色如鹤顶红。山茶花有黄色、红色、白色、粉色四种。有一种山茶花为黄色的花心、大红色的花盘，名叫玛瑙茶，出产于浙江的温州。又有白宝珠，九月开花，幽香雅洁，真同美人一般，为山茶花中佳品。

【接法】 为山茶花嫁接，在二月或腊月都可以。春深时候用肥土培在花的根部，在单叶的茶花上嫁接千叶的茶花，花朵开得茂盛；用冬青嫁接，花就是青色的。奇特的品种虽然称人心意，然而多数不能成活，应当细心培护它，如此才可以成活。

张籍酷爱花卉，听说某贵侯家中有一株山茶花，猜想不容易得到，就拿爱姬来交换，为此时人称他为"花淫"。《小史》说："用爱妾换花，也是一桩风雅之事啊。"

山矾

生杭之西山，三月开花，细小而繁，香馥甚远，即俗名"七里①香"〔1〕。又有千叶者出南海〔2〕。

王荆公〔3〕欲诗而恶其名，止之。黄山谷有《山矾诗序》〔4〕。

校勘

① "七里"，原作"七百"，此据日抄本改。

注释

〔1〕七里香：山矾的别名。明人胡应麟《少室山房笔丛》记载，山矾花俗名椗花，木高数尺，枝肥叶茂，凌冬不凋。花朵白色，未开时与桂花相似；等到开放后，比桂花稍大些。香气十分浓郁，名曰"七里香"。

〔2〕南海：古时南海之名，所指因时而异。先秦或泛指南方各族居地，或有实际的海域可指。秦置南海郡，所临海疆实指南海。西汉以后，南海名称专指今南海。

〔3〕王荆公：即王安石（1021—1086），字介甫，号半山，抚州临川（今江西抚州）人。宋仁宗庆历二年（1042年）进士。熙宁二年（1069年）在宋神宗的支持下主持变法。元丰二年（1079年），封荆国公，因此世称王荆公。王安石是宋代政治家、思想家和文学家，唐宋八大家之一。

〔4〕《山矾诗序》：即《戏咏高节亭边山矾花二首并序》，亭在花光寺。诗

序全文如下："江湖南野中有一种小白花，木高数尺，春开极香，野人号为'郑花'。王荆公尝欲求此花栽，欲作诗而陋其名，予请名曰'山矾'。野人采郑花叶以染黄，不借矾而成色，故名山矾。海岸孤绝处，补陁落伽山译者以谓小白花山，予疑即此山矾花尔。不然，何以观音老人坚坐不去耶？"

译文

山矾生长于杭州的西山，三月开花，花瓣细小而繁茂，芳香浓郁而远播，俗称"七里香"。又有千叶重瓣的山矾出产于南海。

王荆公想要赋诗描绘山矾，但由于不喜欢它的名字而罢手。黄山谷著有《山矾诗序》。

木槿

　　树丛而花繁，种之即活，不必加培。色多红、粉、紫，日光朝烁，疑若焰生。又一种，千叶白花，叶如翠，花如雪，真同梨花之淡，而比碧桃[1]之芳也。

　　汝阳王琎[2]善打曲[3]，明①皇摘红槿花置帽上，令琎舞[4]，奏曲而花不堕，名为"花奴"。

校勘

① "明"，原作"名"，误。

注释

〔1〕碧桃：重瓣桃花，即千叶桃花，不结实，宋末元初戴表元有《碧桃花赋》。以今之植物学品种分类来看，碧桃为蔷薇科落叶小乔木，高可达8米，小枝红褐色，无毛；叶椭圆状披针形，长7～15厘米。花单生或两朵生于叶腋。观赏桃花类的重瓣品种统称为碧桃。因其在园林中花色艳丽，树形较大，观赏效果好，因此为春季不可缺少的观花树木。孤植、群植、建筑附近植均较适宜，亦常作盆栽。

〔2〕汝阳王琎：即唐玄宗之侄李琎，小字花奴。历官太仆卿，封汝阳王，故此处称汝阳王琎。李琎精通音律，尤擅羯鼓，深为唐玄宗喜爱，每游幸必令随之奏乐。有一次唐玄宗摘了红槿花一朵，置于李琎帽上笪（dá）处（帽檐），令其边飞舞边演奏《舞山香》，曲终而花不坠。

〔3〕打曲：用羯鼓敲击曲子。

〔4〕迴舞：盘旋飞舞。

译文

　　木槿为丛生的灌木而且花朵繁茂，只要将其栽下就能成活，不必刻意培护。颜色多为红色、粉色、紫色，在阳光的照耀下，好像火焰在其上跳跃。还有一种木槿花，花瓣洁白，千叶叠生，叶片犹如翡翠，花朵好似霜雪，真是同梨花一般素淡，但比碧桃更为芬芳。

　　汝阳王李琎善于用羯鼓敲击曲子，唐明皇摘红槿花放置在他的帽檐上，令他一边盘旋飞舞，一边奏曲，曲终而花不坠落，由此他被称作"花奴"。

樱桃

树多枝叶，花似桃差小，而色娇红。一颖五六花，如垂丝然，粉妆轻约，香韵俱胜。夏初结实，悬如火树。凡花胜者，果多无色，此独两擅。

种法

春中折有节[1]枝，记其所向阴阳，栽肥土中，即活。

张茂卿家居，颇事声妓[2]。一日樱桃盛开，曰："红粉[3]风流，无逾此君。"悉屏伎女。

天宝[4]初，宁王[5]日侍，风流蕴藉[6]，诸王弗如也。每春时，纫[7]红丝为绳，密缀金铃，系花梢之上。有鸟集树，令园子掣[8]铃索以惊之。后人护樱桃仿此，谓之"花铃"。

注释

〔1〕节：植物茎上生叶与分枝的部分。

〔2〕声妓：即声伎，旧时宫廷或贵族家的歌姬舞女。

〔3〕红粉：胭脂和铅粉，泛指女子的化妆品。此处代指佳人，即上文所说的歌姬舞女。

〔4〕天宝：唐代玄宗朝的一个年号，742—756年，共十五载。

〔5〕宁王：指李成器（679—742），后更名为李宪，唐睿宗李旦长子，唐玄宗李隆基之兄。初为皇太子，后将皇位让其三弟李隆基。他对睿宗说，"国家安则先嫡长，国家危则先有功"，三弟李隆基有诛灭韦后一党、匡复社稷之功，应立李隆基为皇太子。于是坚辞太子之位。李隆基即位后，封李成器为宁王。李成器去世，被追谥为"让皇帝"。宁王李成器能诗歌，通晓音律，尤善击羯鼓、吹笛。还擅于画马，曾在长安兴庆宫花萼相辉楼画有《六马滚尘图》壁画，玄宗最喜欢其中的"玉面花骢"，称赞其"无纤悉不备，风鬃雾鬣，信伟如也"。据《旧唐书》《新唐书》《资治通鉴》等记载，李成器于开元二十九年（741年）冬十一月去世。因此此处原文说"天宝初，宁王日侍"时间上与史实不符，天宝年间，李成器已经去世。但这一错误由来已久，渊源有自。自五代王仁裕《开元天宝遗事》就称"天宝初，宁王日侍"，后世相沿其误。

〔6〕风流蕴藉：风雅潇洒，温文含蓄。

〔7〕纫（rèn）：捻线，搓绳。

〔8〕掣：拉、拽。

译文

　　樱桃树枝叶繁茂，花朵与桃花相似而略小些，但颜色更为粉嫩鲜艳。一枝上发五六朵花，如丝垂下的样子。淡淡妆粉，清瘦姿容，既富馨香，又饶风韵。樱桃在夏初结出果实，累累悬垂，鲜红似火。花卉凡是花朵鲜艳的，果实大多没有颜色，唯独樱桃的花朵和果实都十分鲜艳。

【种法】 春天折一枝有节的枝条，记住它朝向的方向，栽到肥沃的土壤中，就能成活。

张茂卿闲居家中，蓄养了很多歌姬舞女。一天，樱桃花盛开，他说："佳人纵有万种风情，也比不上樱桃花的风姿清韵。"于是屏退了所有的歌姬舞女。

天宝初期，宁王李成器每日侍奉唐玄宗左右，风雅潇洒，温文含蓄，其他王爷都比不上。每到春天，他就把红线搓成绳索，密密地挂上金属制成的铃铛，捆扎到花梢之上。如果有鸟儿停集在树上，就命令园丁拉动铃铛上的绳索，将鸟儿惊跑。后世之人为保护樱桃免于鸟儿啄食就模仿这一方法，称之为"花铃"。

薝卜 [一]

一名栀子，檀心[2]玉片，昔人咏为白玉花。子可染色，花香清远，曾端伯以为"禅友"。

种法

夏月折嫩枝，带花，插细土中，易活易茂。

注释

〔1〕薝卜：即栀子花，茜草科栀子属常绿灌木。清人陈淏子《花镜》卷三载，"栀子花，一名越桃，一名林兰，释号薝卜，小木也"。

〔2〕檀心：浅红色的花蕊。

译文

薝卜又名栀子，花心淡红，花瓣如莹洁的白玉，过去人们题咏称之为白玉花。它的花子可以染色，花香清馨悠远。曾端伯把它称作"禅友"。

【种法】夏季折取带花的嫩枝，插入土粒较细的土中，容易成活，也容易发花繁茂。

木兰

一名杜兰，皮似桂而香，花粉红，香反不及皮，而性芳洁，郭璞[1]以为可食。

张博[2]植木兰于堂前。花盛开，陆龟蒙[3]醉赋两句云："洞庭波浪渺无津[4]，日日征帆送远人。"客莫解，既而续曰："几度木兰船上望，不知元是此花身。"

鲁班[5]造木兰舟云，至今此舟尚存木兰渡。

古有女子名木兰，白香山[6]题令狐家木兰云："一树女郎花。[7]"

注释

[1]郭璞：郭璞（276—324），字景纯，东晋河东闻喜（今属山西）人，博洽多闻，好经术，擅词赋，又喜阴阳卜筮之术。《晋书》卷七二有传。

[2]张博：晚唐时苏州刺史。

[3]陆龟蒙：陆龟蒙（？—约881），字鲁望，自号天随子、江湖散人，姑苏（今江苏苏州）人。工诗文，与皮日休同为唐末著名文学家，人称"皮陆"。

[4]"洞庭波浪渺无津"：此诗出自陆龟蒙《甫里集》之《木兰堂》。

[5]鲁班：春秋时杰出的工匠，发明家。姓公输，名般（亦作班、盘），鲁国人，故称鲁班。他一生发明创造很多，所造木工器械墨斗、刨、钻、凿、铲等，对减轻木工劳动强度和促进木工工艺发展有重要作用，后人尊为木匠"祖师"。他还发明了许多兵器，《墨子·公输》载，鲁班曾造攻城"云梯"、水战"钩强"（亦作"钩拒"）等精巧兵器。《鲁问》载："公输子削竹木以为鹊，成而飞之，三日不下。"

[6] 白香山：即白居易（772—846），字乐天，号香山居士。

[7] "一树女郎花"：此诗出自白居易《戏题木兰花》，全诗如下："紫房日照燕脂坼（chè），素艳风吹腻粉开。怪得独饶脂粉态，术兰曾作女郎来。"

译文

木兰一名杜兰，树皮似桂树，但更芳香。花朵粉红，香气反而比不上树皮。木兰本性芬芳素洁，郭璞认为可以食用。

张博在厅堂前种植了一株木兰树。木兰花盛开，陆龟蒙醉中赋诗，前两句云："洞庭湖的波浪浩渺无涯，每天都有征帆将离开的人送到远方。"客人们不明白这两句诗和木兰花有什么关系，陆龟蒙很快接续前两句又吟了两句："不知多少回在木兰做成的船上远眺，却不知它原来是此花的树身做成的。"

传说鲁班用木兰树制作了一艘船，至今这艘船还在木兰渡口留存着。

古代有一个女子名叫木兰。白香山题令狐家木兰诗云："满树盛开的都是充满脂粉的女郎花。"

瑞香〔1〕

一名锦被堆〔2〕。厚叶而金边，紫花者香独烈，白与粉红者次之。张图之〔3〕改"瑞香"为"睡香"，诗云："采花莫扑枝头蝶，惊觉阳台梦里人。〔4〕"又唐人"谁将玉胆〔5〕蔷薇水〔6〕，新濯琼肌〔7〕锦绣禅"〔8〕，二诗体物〔9〕极工〔10〕。

种法

芒种〔11〕时，剪老根上嫩枝，破开夹大麦一粒，用乱发缠之，插背阴处，若带花，更易活。

浇法

漆渣〔12〕及鸡鹅毛汁，或猪毛汤浇，俱茂。最忌诸香及麝，触之即萎。

庐山有比丘〔13〕，昼卧石上，梦中闻花香，及寤，寻得之，因名"睡香"。

注释

〔1〕瑞香：常绿灌木，叶椭圆状长圆形，两端尖，有光泽，花有紫、白、红三色，紫如丁香者其香更浓。供观赏，根、茎、花可入药。

〔2〕锦被堆：瑞香的别名。明代杨慎《升庵诗话》载："瑞香花，即《楚辞》所谓露甲也，一名锦薰笼，又名锦被堆。"瑞香花开放时簇生于枝头，稍高出叶面而不是隐于叶间，看上去花朵均匀地散落于青翠浓密的枝叶表面，犹如一幅锦缎的被面，故别称锦被堆。也有称蔷薇花为锦被堆的。北宋宋祁《益都方物略记》载"俗谓蔷薇为锦被堆花"。还有称粉团儿花为锦被堆的。北宋刘子翚曰："锦被堆，一名粉团儿。花如月

桂而小，粉红色，或微黄色。叶亦相类，而有刺，枝柯纤长丈余，往往作架承之。"

［3］张图之：不详何人，见于明代杨慎《升庵诗话》。

［4］"采花莫扑枝头蝶，惊觉阳台梦里人"：此诗见于明代杨慎《升庵诗话》，此句的意思是采花时不要捕捉枝头的蝴蝶，以免惊动了阳台之上才子佳人缱绻缠绵的春梦。

［5］玉胆：如玉石般温润莹洁的胆瓶，这里应是指贮存蔷薇香水的玻璃瓶子。据扬之水《古诗名物新证》（北京：紫禁城出版社，2004年）中《玻璃瓶与蔷薇水》一文，玻璃瓶产于大食诸国，在其本土专门用来盛放蔷薇水。今藏日本早稻田大学的一件细颈刻花伊斯兰玻璃瓶，高18厘米，为9—10世纪之物，原出土于埃及福斯塔特遗址，此瓶由水常雄著录在所编《世界玻璃美术全集》中，明确指出为蔷薇水瓶。

［6］蔷薇水：香水名。出产自大食（今阿拉伯）诸国。五代时，占城（今越南中南部）使臣即以15瓶进贡，其后陆续有进口贸易。人们常将此香水贮玻璃瓶中，外封以蜡。蔷薇水气味馨郁非常，即使贮瓶中仍香气透彻，数十步远都能闻见，且经久不败。如果洒在衣袂上，虽十数日，香气不散。宋代多有仿造者，香气亦袭人面鼻。

［7］琼肌：莹洁似玉的肌肤。这里形容瑞香的花瓣莹洁似玉，如佳人的肌肤。

［8］"谁将玉胆蔷薇水，新濯琼肌锦绣禅"：此诗实际上出自南宋杨万里《瑞香盛开，呈益公二首（其一）》，益公（周必大）有和作。因此该诗非唐人诗，显而易见。明人杨慎《升庵诗话》称其为唐人诗，《名花谱》转引，以讹传讹。此句诗的意思是：谁刚刚用冰玉透亮的玻璃胆瓶中的蔷薇水，洒在瑞香莹洁似玉、团簇如锦绣的花瓣上呢？

［9］体物：描摹事物。

［10］工：细致、精巧。

［11］芒种：二十四节气之一，在公历6月5日或6日。芒指某些禾本科植物种子壳上的细刺，如麦和稻。元末明初陶宗仪《说郛》卷九引宋代马永卿《懒真子录》说，芒种"谓麦至是而始可收，稻过是而不可种"，即麦子到这一时节就可以收获了，而稻子在这一时节前夕就可以播种了，过了这一时节就不可以再种了。

〔12〕漆渣：中药名，出自《神农本草经》。又名漆脚。为漆树的树脂经加工
　　　后的干燥品。辛，温，有毒，有破瘀、消积、杀虫的功效。
〔13〕比丘：佛教语，梵语Bhiksu的译音。意译为"乞士"，由上从诸佛乞
　　　法，下就俗世乞食得名，为佛教出家五众之一，指受具足戒的男性僧
　　　侣，中国俗称"和尚"。

译文

　　　　瑞香又名锦被堆。叶片宽厚，周边金色。紫色的瑞香花香气特别浓烈，白色和粉色的瑞香花香气稍淡一些。张图之将"瑞香"之名改作"睡香"，诗云："采花莫扑枝头蝶，惊觉阳台梦里人。"唐人也有诗"谁将玉胆蔷薇水，新濯琼肌锦绣禅"。这两首诗对瑞香的描摹十分细致、精巧。

　　　　【种法】　在芒种这一节气前后，剪取老根上的嫩枝一枚，破开一段树皮，在破口处夹进一粒大麦，再用乱发缠缚结实，然后把这段嫩枝插在阳光照不到的地方，就能成活。如果此嫩枝上带着花蕾，就更容易成活。

　　　　【浇法】　用漆渣及鸡、鹅毛混拌的水，或煮猪毛的热水浇灌，都可以使瑞香花开得茂盛。最忌讳各种香料和麝香，只要一接触，瑞香花就会枯萎。

　　　　庐山上有一和尚，白天睡卧在巨石上，梦中闻到了花的香味。等醒来后就去寻找在他梦中散发香味的花朵，找到后将此花命名为"睡香"。

紫丁香

木本。花小而瓣柔，点点如星。色粉紫，香馥[1]甚远。接、种俱可。自是一种，非瑞香之别名也。

唐御史某日含此花，芳香竟[2]体，偶一奏对，如闻异香。

注释

[1] 香馥：馨香馥郁。

[2] 竟：从头至脚，全身上下。

译文

紫丁香为木本植物。花朵很小并且花瓣十分柔嫩，它细小繁多，犹如繁星密布。花呈浅紫色，香气十分浓郁，传播得很远。嫁接和播种都可成活。紫丁香是独立的一个花卉品种，并不是瑞香花的别名。

某天唐朝的一个御史将紫丁香含在口中，结果全身上下都散发出芳香的气息。偶然一次在朝堂上当面回答皇帝的提问，皇帝好像闻到了奇异的香气。

荼蘼

藤身，叶多而梗有刺，花开白色，香幽而清。又浅红、蜜色，香不足而韵胜，用高架引之，雅艳可观。

范蜀公[1]家有荼蘼架，春季花繁，燕客其下，约曰："有飞花堕酒中者，釂[2]一大白①[3]。"微风过之，则满座无遗，时号"飞英会"。

校勘

① "釂一大白"，原作"嚼天白"，此据宋人朱弁《曲洧旧闻》及明人王路《花史左编》改。

注释

〔1〕范蜀公：即范镇（1007—1088），字景仁，成都华阳（今四川成都）人。仁宗宝元元年（1038年）进士。北宋政治家、文学家。官至翰林学士，累封蜀郡公，故此处称范蜀公。

〔2〕釂（jiào）：喝干杯中酒。

〔3〕大白：酒杯名。

译文

　　茶蘼为藤蔓植物。叶片繁多，枝梗上有刺。花呈白色，香气幽远而清新。还有浅红色和蜜色的茶蘼，香气不如白色的品种，但姿韵更胜一筹。用高高的架子牵引其枝蔓，幽雅清艳，十分优美。

　　范蜀公家有一个茶蘼架。春季花开繁茂，邀客燕集其下，约定："有飘飞的落花堕入酒杯中的人，喝干酒杯中的酒"。天亮了，微风过后，满座宾客的酒杯中都落入了茶蘼的花瓣，当时称为"飞英会"。

藤本，多刺。有千叶、单叶，大红、粉红、黄、白数种。虽非清供[1]，编之为屏[2]，亦可当石家锦障[3]。外有粉红野蔷薇，采花拌茶，疟疾煎服即愈。

种法

三月八日，剪当年枝条，长尺余，扦[4]肥阴地，筑[5]实其傍，勿使伤皮，无不即活。

武帝[6]与丽娟[7]看花，时蔷薇始开，态若含笑。上曰："此花绝胜[8]佳人笑也。"丽娟戏曰："笑可买乎？"因奉黄金为买笑钱。

梁元帝[9]竹林堂有蔷薇架，其下有花屋十间，春日坐之，芬芳袭人。

炀帝[10]幸[11]月观[12]，凭萧妃肩，说东宫[13]时事。适有小黄门[14]映蔷薇丛调宫婢，衣为薇刺所绊，笑吃吃不止。帝望见腰肢纤弱，意为宝儿，急行擒之，乃宫婢雅娘也。

注释

〔1〕清供：清雅的供品。旧俗凡节日、祭祀等用清香、鲜花、清蔬等作为供品。

〔2〕屏：用以挡风或遮蔽的器具，上面常有字画。

〔3〕锦障：锦缎制的屏障。西晋王恺和石崇斗富，分别用锦缎作屏障。《世说新语·汰侈》："（王）君夫作紫丝布步障碧绫里四十里，石崇作锦步障五十里以敌之。"所以这里说石家锦障。后世又常将花丛比作锦障。

〔4〕扦（qiān）：插入。

〔5〕筑：捣土使坚实。

〔6〕武帝：指汉武帝刘彻（前156—前87）。

〔7〕丽娟：指传说中汉武帝宠幸的宫女。时年十四岁，身体轻弱，肤肌白嫩柔软，使人不敢让衣带拂掠其身体，唯恐留下伤痕。汉武帝担心尘垢弄脏她，就把她安置于透明的帷帐中；又怕她被风吹走，随风而逝，因此常用带子缚住其衣袂，掩在重重帷幕之中。她将琥珀饰品佩在衣裙之内，行走时发出清脆的响声，声称骨节自鸣，见者都以为神怪。上述传说见《汉武帝别国洞冥记》，旧本题后汉郭宪撰。

〔8〕绝胜：远远超过。

〔9〕梁元帝：即萧绎。南朝梁皇帝，武帝第七子。公元552—554年在位。字世诚，小字七符，自号金楼子，南兰陵（今江苏常州西北）人。

〔10〕炀帝：即隋炀帝杨广，公元604—618年在位。

〔11〕幸：指封建帝王到达某地。

〔12〕月观：在扬州。南朝宋时，南兖州（治所广陵，在今扬州市西北）刺史在广陵修建月观、风亭等，招集文士于此游宴。传说隋炀帝也曾登临月观。后人常以"月观"作为咏广陵（扬州）的典故。

〔13〕东宫：太子所居之宫。

〔14〕小黄门：官名，东汉始置，高于中黄门，俸六百石，由宦者担任，没有固定人数。常侍皇帝左右，负责关通中外及中宫以下众事。诸公主及王太妃等有疾病，则使视问。

译文

蔷薇为藤本植物，茎上有刺。花瓣有千叶、单叶的，颜色有大红、粉红、黄色、白色多种。虽然不是清供，但是将它编织成屏风，也可以当作石崇作的锦步障。另外还有粉红色的野蔷薇。采集它的花朵拌茶叶用水煎煮，疟疾患者服用后就可以痊愈。

【种法】 三月八日，剪下当年生出的枝条，长一尺多，插入肥沃、背阴的地方，将旁边的土壤筑实，不要伤害枝条的树皮。按此操作，没有不成活的。

汉武帝刘彻与宫女丽娟看花，其时蔷薇花刚刚开放，姿态好似佳人面带微笑。皇上说："这蔷薇花含笑的姿态远远超过佳人的笑靥啊！"丽娟开玩笑说："笑可以买吗？"于是丽娟奉送黄金给汉武帝作为买笑的钱。

梁元帝的竹林堂里有蔷薇架，架下有花屋十间。春日坐在屋中，芬芳袭人。

隋炀帝驾临扬州的月观，倚着萧妃的肩膀，诉说着在太子东宫时的旧事。恰巧看到一个小黄门正在蔷薇丛的掩映下与宫女调笑。宫女的衣裳被蔷薇刺牵拌，吃吃笑个不停。隋炀帝望见她腰肢纤弱，心里想可能是宫女宝儿，快速走去擒拿，原来是宫婢雅娘。

花有三种，惟白花紫心者为上。芬馨清润，坐若香雪。其青心白花、黄花者，皆不及也。

种法

剪条插，多不活，以枝扳壅土中，月余自本发叶，外剪断之，移种。

临洮[1]僧舍有青木香，岑参尝咏之[2]。

舒雅[3]作青纱枕，满贮荼蘼、木香[4]，号曰"花囊"。

注释

[1] 临洮（táo）：古县名。秦置，治今甘肃岷县，以临洮水得名。

[2] 岑参尝咏之：指岑参《临洮龙兴寺玄上人院，同咏青木香丛》，诗云："移根自远方，种得在僧房。六月花新吐，三春叶已长。抽茎高锡杖，引影到绳床。只为能除病，倾心向药王。"

[3] 舒雅：舒雅（？—1009），字子正，歙县（今属安徽）人，宋初西昆体诗人。南唐时举进士第，归宋后充秘阁校理，参编及校订《文苑英华》等经史诸书。累迁职方员外郎，知舒州。致仕后，调掌灵仙观。

[4] 满贮荼蘼、木香：枕中所贮之物说的不准确。据北宋陶榖所撰《清异录》卷三载，舒雅制作了一个"青纱连二枕"，枕中贮满了"荼蘼、木犀、瑞香散蕊"。这里把木犀和瑞香两物，各误去了一字，误作了一物。

译文

　　木香花有三种，只有白色花瓣、紫色花心的为上品。花气芬芳，清远润泽，置身其中，似在香馨四溢的雪国之中。其中那些深绿色花心、白色或黄色花瓣的木香都不如它。

　　【种法】　剪其枝条插在土中，多不能成活。将其枝条向下拉，埋一段在土壤中，用土培好，一个多月就会生根发叶，然后再将其剪断，移种到其他地方。

　　临洮僧舍有青木香，唐代诗人岑参曾以之为题赋诗。

　　舒雅制作青纱枕，里面贮满了荼蘼、木香，称其名作"花囊"。

〔清〕杨晋　绘

棣棠

　　金色千叶而花繁，单瓣者名金碗。春深与蔷薇同开，红润胭脂，黄香金雨，亦可斗丽。折嫩枝扦之即活。

译文

　　花瓣为金色，千叶重瓣，花朵十分繁密。单瓣的棣棠又名金碗。春意浓郁，棣棠与蔷薇同时开放。蔷薇如胭脂般嫣红温润，棣棠金黄香郁，如星雨洒落在青翠的枝叶间。二花各有擅场，也可以争芳斗艳了。折取一段嫩枝，插到土里就可以成活。

种类玫瑰，花娇红而叶多刺，莹欺素艳，媚夺天红，恨无余香惹人耳。冬月[1]从根分。亦有黄色者。

注释

〔1〕冬月：农历十一月，或泛指冬天。

译文

这一品种与玫瑰相似。花瓣娇嫩红艳，然而叶片上花刺较多。它的明洁胜过素净清丽的白花，妩媚堪称天然的红韵，遗憾的是没有惹人怜爱的香气。农历十一月，从根部分剖。也有黄色的刺玫。

月季

俗名月月红[1]，又名长春[2]、胜春、斗雪。一本丛生，而花有粉、红、白三色，丰姿娇冶，态若美人。妇人簪之，能美颜调经。

注释

[1] 月月红：月季为中国传统名花之一，四季开花，逐月开放，故名月月红。

[2] 长春：言其月月开花，长春不谢。南宋杨万里《腊前月季》诗云："只道花无十日红，此花无日不春风。"明代张新《月季花》诗："一番花信一番新，半属东风半属尘。惟有此花开不厌，一年长占四季春。"

译文

月季俗名月月红，又名长春、胜春、斗雪。一根丛生，花有粉、红、白三种颜色。姿态丰盈美好，艳丽妩媚，宛若美人。妇人簪上它，可以美颜调经。

十姊妹

花开小而一蓓十数花，故名。一蓓中分红、紫、粉、白数色，深浅斑斓，自成行队也。

译文

花开较小而一枝上能开十几朵花，故名。十几朵花中分红、紫、粉、白等数种颜色，深浅不一，错杂灿烂，不必与其他花交织排列，就可以自成行队了。

七姊妹

花相似，而七朵连缀，亦甚可观。

杨孟载[1]诗云："红罗斗结同心小，七蕊参差弄春晓。尽是东风儿女魂，娥眉一样春螺扫。三妹娉婷[2]四妹娇，绿窗虚度可怜宵。八姨秦虢[3]休相妒，肠断江东[4]大小乔[5]。"[6]

注释

[1]杨孟载：即杨基（1326—1378后），字孟载，号眉庵，晚号香雪。原籍嘉州（今四川乐山），生长于江苏吴县，同高启、张羽、徐贲并称"吴中四杰"。元末曾为张士诚部丞相府记室。明初官至山西按察使，后削职，谪输作，卒于工所。著有《眉庵集》。

[2]娉婷（pīng tíng）：姿态美好的样子。

[3]秦虢（guó）：指秦国夫人和虢国夫人。杨玉环得宠，三姊并封国夫人，大姊封韩国夫人，三姊封虢国夫人，八姊封秦国夫人，唐玄宗呼之为姨。

[4]江东：隋、唐以前指今安徽芜湖至江苏南京段的长江以东地区。三国时亦称孙吴统治下的全部地区为江东。

[5]大小乔：指三国东吴乔公的两个女儿，以美貌著闻，世称大小乔或二乔。

[6]此诗为《咏七姊妹花》，见杨基《眉庵集》卷二。

译文

七朵花相似而连结，也十分优美可爱。

明人杨孟载诗云："像红色罗裙上绾着的娇小的同心结，七朵鲜花参差不齐，在春日黎明随风摇曳。都是春风中的女儿心，一样的娥眉，一样的如同青螺般的发髻。三个妹妹姿态曼妙，四个妹妹姿容娇美，可怜的她们在绿窗边虚度良宵。秦国夫人和虢国夫人都不要嫉妒，它们的美貌令江东大小乔也为之断肠。

佛见笑 [一]

花红，即蔷薇别类。

注释

〔1〕佛见笑：此花为何名佛见笑，元人俞希鲁《（至顺）镇江志》卷四写
道："大类粉团，谓使佛见之亦欣然而笑，甚言其可爱也。"

译文

花瓣红色，是蔷薇的另一类。

黄雀[1]

状如飞雀，深黄可爱。

注释

〔1〕黄雀：金雀花的别名之一。豆科常绿灌木。清人陈淏子《花镜》卷三
"金雀花"条载："金雀花，枝柯似迎春。叶如槐而有小刺，仲春开黄
花，其形尖，而旁开两瓣，势如飞雀可爱。乘花放时，取根上有须者，
栽阴处即活。用盐汤焯干，可作茶供。"

译文

花瓣形状如飞雀，深黄色，十分可爱。

金茎[1]

类棣棠而小。

注释

〔1〕金茎：一名叶金草，生泽中高处。

译文

与棣棠相似而略小。

花似牡丹而小，条软而轻。

注释

〔1〕缠枝牡丹：据清人吴其濬《植物名实图考》，旋花之"千叶者曰缠枝牡丹"。因其花色似粉红牡丹，故称。一年生草本植物，茎攀缘上升，叶片狭矩圆形，如菠菜叶而小。至秋开花。

译文

花开似牡丹而略小，枝条柔软而轻。

飞来凤 〔一〕

一名龟雀，亦金雀类也。

种法

以上数种，皆可分扦。择肥阴地，剪新枝插之，时灌清水，活后加肥。

注释

〔1〕飞来凤：金雀花的别名之一。

译文

一名龟雀，也是金雀花之类。

【种法】 以上数种花卉，都可以分根扦插。选择肥沃、阴湿的地方，剪取新发的嫩枝插在土中，常常以清水浇洒。成活之后，施加肥料。

芙蓉

亦名芙渠。夏茂冬凋，丛生湿地。寂寞秋容，借兹[1]生色。潘岳[2]、鲍照[3]诸人多赋之。有大红、浅红、白数种，又有朝红午白而晚复红者，名"三醉"。一本开九色者，名"九子"。色最娇者，名"二乔"。白者名"香玉"。黄者种贵，不可多得。

种法

十月间将嫩条剪下，砍作一尺一条，向阳地，掘坑横埋之。二月初或清明日，先以硬棒打穴，入粪河泥满之，然后将枝插入，上露寸许，遮以烂草，当年即花，然伤皮不活。花开时，以靛水调纸，包含蕊上，来日花开青色。

养法

折花养瓶，入水即萎，入汤复鲜。[4]

隋后主[5]以芙蓉花染缯[6]为帐，名"芙蓉帐"[7]。

唐玄宗捣芙蓉花汁，调香粉作御墨，曰"龙香剂"。

注释

〔1〕兹：代词，此。这里指芙蓉。

〔2〕潘岳：（247—300），字安仁，荥阳中牟（今属河南）人。西晋著名
　　文学家，与陆机齐名，时称"潘陆"。文辞华美明畅、清绮哀艳，"善
　　为哀诔之文"（《晋书·潘岳传》）。尝作《芙蓉赋》，载于北宋初
　　《艺文类聚》卷八二，铺彩摛文，极写芙蓉之美，如"光拟烛龙，色夺
　　朝霞。丹辉拂红，飞须垂的。纷披艳（xì，大红色）赫，散焕熠爚（yì
　　yuè，光耀鲜明的样子）"。

〔3〕鲍照：（约414—466），字明远，东海（今山东郯城）人。南朝宋文
　　学家，与谢灵运、颜延之同时，俱以诗著称，合称"元嘉三大家"。鲍
　　照也曾作《芙蓉赋》，清代陆葇《历朝赋格》下集卷五有收录。文辞清
　　华，铺陈芙蓉之美，如"叶折水以为珠，条集露而成玉。……冠五华于
　　仙草，超四照于灵木。杂众姿于开卷，阅群貌于昏明"。

〔4〕这种切花保鲜方法叫烫枝法，可以阻塞切口，防止花枝组织中液汁外溢
　　而达到保鲜的目的。无论是明代袁宏道的《瓶史》、张谦德的《瓶花
　　谱》，还是今之学者编著的关于荷花方面的著作，如王其超、张行言等
　　所著《荷花》、张义君编著《荷花》，都没有提到这一保鲜方法。今天
　　不少养花者验证这一方法是可取的。张谦德《瓶花谱》提供的保鲜方法
　　是"荷花初折，宜乱发缠根（引者按，指切口），取泥封孔"。

〔5〕隋后主：指隋炀帝杨广。历史上惯称朝代的末代君主为"后主"。

〔6〕缯：古代对丝织品的总称。

〔7〕芙蓉帐：另有说法是后蜀孟后主孟昶于"成都城上遍种芙蓉，每至秋，
　　四十里如锦绣，高下相照，因名锦城。以其花染缯为帐幔，名'芙蓉
　　帐'"。此说见载于明代王路《花史左编》卷一五。

译文

芙蓉又名芙葉。夏季繁茂，冬季凋萎。丛生于河湖、沼泽等有水的湿地，为冷落萧条的秋色增添了光彩。潘岳、鲍照等人多以芙蓉为题吟诗作赋。有大红、浅红、白色数种，又有早晨红色、中午白色而晚上又变成红色的品种，名曰"三醉"。一枝茎上开九种颜色的花，这一品种，名为"九子"。颜色最娇美的，名称"二乔"。白色的芙蓉花名曰"香玉"。黄色的品种最为珍贵，十分稀少难得。

【种法】十月间将嫩条剪下，都砍作约一尺的长条，在向阳的地方，掘坑后分别将其横着埋下。二月初或清明日，先用坚硬的木棒锤打成洞穴，取河中肥沃的粪泥把洞穴填满。然后将嫩枝插入其中，外露约一寸长，上面覆盖烂草，当年就能成活开花。但是如果损伤了嫩条上的树皮就不易成活。花即将开的时候，用深蓝色的染料调染宣纸，包在花蕊上，将来就会开青蓝色的花朵。

【养法】折取芙蓉花供养在花瓶中，放入水中就会枯萎，放入热水中又会恢复新鲜。

隋后主用芙蓉花的汁液浸染丝帐，名曰"芙蓉帐"。

唐玄宗将芙蓉花捣碎成花汁，调和香粉而制成御墨，称作"龙香剂"。

粉团

花蕊丛生，环结如球，小者名麻球。叶麻[1]、花开[2]而色边紫者为最，即绣球花。与牡丹同宜种台畔，用以衬色甚佳。

接法

以八仙花种盆中，次年春，连盆移就粉团。将八仙离土七八寸，刮去半边皮，约长寸许，将粉团亦刮去半边，两合用麻缠缚，频用水浇。至十月，候皮生，截断，分开则花繁。

注释

[1] 麻：表面粗糙的、凹凸不平的。

[2] 花开：明人王路《花史左编》（明万历刻本）卷四"粉团花"条作"花开小"。

译文

花蕊丛生，成团簇结在一起如同小球。小的叫作麻球。叶片表面粗糙且花开后花瓣边缘为紫色的最佳，即绣球花。粉团与牡丹花同样适宜种植在台阶之旁，为台阶点缀生色，都特别好。

【接法】 把八仙花种在花盆中。第二年春天，连盆移动靠近粉团。取八仙花茎上距离土地向上七八寸的地方，刮去半边树皮，约一寸长。再将粉团也像这样刮去半边。将两株花刮去皮的部位合在一起，用麻绳缠缚，频繁用水浇灌。到了十月，等到新皮生出的时候，再把它和八仙花截断，将其分开，那么粉团花会开得更加繁盛。

锦带

又名鬓边娇。春半开花，形如小铃，红粉相间，色韵而媚。植之屏篱，可供雅玩。

种法

秋分后剪条长五寸，插松土中。日浇清粪水，二十日则发芽而活。

梁昭明[1]植锦带，因作十二月锦带书[2]语，极工丽。

注释

[1] 梁昭明：即萧统，南朝梁武帝的长子。天监元年（502年）立为太子，未及即位而卒，谥昭明，世称"昭明太子"。

[2] 锦带书：《锦带书》，旧题萧统撰，类书，一卷。锦带，以锦做成之带，灿烂有文采。此书按十二月月令排比骈词丽句，以供写作笺启之用，有如锦带富于文采，故名之曰《锦带书》。因此梁昭明之《锦带书》和作为花卉的锦带没有任何关系。

译文

锦带又名鬓边娇。春天过半的时候才开花，花朵形状如同小铃铛，红色、粉色相间杂，色彩既有风韵又多妖媚。将其植于竹篱边，可供雅人赏玩。

【种法】 秋分后，剪取锦带的嫩条，长约五寸，插入疏松的土中。每天用稀清的粪水浇灌，二十天后就能发芽成活。

南朝梁昭明太子植锦带，因此而作十二月锦带书语，极其工巧清丽。

夹竹桃

花如桃，叶似竹，性畏湿而畏寒。花开五六月，宛然春色。以此桃配茉莉，插美人鬓边，真娇袅欲绝。

藏法

十月初，宜放向阳处。喜肥，不可缺壅而见霜雪。冬日亦不宜太燥和暖，微以水润之。

译文

花如桃花，叶似竹叶。夹竹桃的生活习性是既不喜欢潮湿，也不喜欢寒冷。花在五六月开放。此时虽已至仲夏，百花渐凋，而夹竹桃的绽放却仿佛带来了灿烂的春光。用夹竹桃花配茉莉花，插在美人的鬓边，真是娇媚袅娜，美艳几令人绝倒。

【藏法】　十月初，适宜将夹竹桃置于向阳的地方。它喜欢肥沃的土壤环境，不能够因为疏于培土而使其被霜雪冻伤。冬天也不适宜将其放置于太干燥和太暖和的地方，应稍稍用水湿润土壤。

罂粟

　　花类不一，而诸色各备。夏初开花，日光照灼，云霞灿烂。月夜观之，觉风前婀娜，如美人夜游，弱不胜衣，恐他花无此态也。

种法

　　八月中秋夜，衣艳服，将子撒地，则明岁花开，色亦如之。下子毕，以竹扫箒扫匀，则花千叶而凤毛。两手换下，则花重台[1]。或云以墨汁拌撒，免蚁食。须先肥地极松，用冷饮汤并锅底灰和泥拌匀下之，讫仍以泥盖。出后浇清粪，若土瘦、种迟，变为单叶。单叶者，粟必满，千叶者，粟多空。

注释

[1]重台：花瓣有两轮，呈上下两层，如两层台阁，上层多是由花心长出的不规则变异花冠，这是花蕊变异发育的结果。这里指重瓣罂粟。

译文

　　罂粟花种类不同，各种颜色都有。夏初开花，在日光的照耀下，如彩云霞光般璀璨斑斓。在月夜观赏，更觉得它在风前婀娜摇曳的美好姿态，就如同美人在静夜清游，柔弱得似乎连轻薄的纱衣都禁受不起。恐怕其他花没有这种风姿韵态吧。

【种法】　八月中秋之夜，美人披上艳丽的衣裳，将罂粟子撒在地上，那么明年花开，颜色也会如同她的衣裳那般艳丽。播种后，用竹扫帚将子划开使其均匀，那么就会开出千叶的罂粟花，但千叶的罂粟花比较少。两手交换撒子，则会开出上下两层花瓣的重瓣罂粟花。有人说用墨汁拌罂粟子撒在土中，可以避免蚂蚁拖走偷食。应当先找一块极肥沃、疏松的土地，用吃饭剩下的冷汤、锅底灰和泥与罂粟子拌匀后种下，然后仍以泥覆盖在上面。待出芽后用稀清的粪水浇灌。若土壤比较贫瘠，下种又迟，那么花开就会是单叶。单叶的罂粟花，粟一定饱满，而千叶的罂粟花，粟多为空的。

虞美人

126

　　花四瓣，色艳，类罂粟而小。古诗云："英魂夜逐剑光飞，膏血化为原上草。"睹此名花，可想虞姬丰致。

译文

　　花四瓣，色泽鲜艳，和罂粟相类似但略小一些。古诗云："（虞姬的）英魂在黑夜中追逐着飞动的剑光，脂血化作了草原上的虞美人花。"睹此名花，联想诗句，可以想象虞姬的丰神韵致。

〔清〕王武 绘

剪春罗[1]

红、黄、白色，五月开花，其纹如罗。

注释

〔1〕剪春罗：石竹科多年生宿根草本植物。夏季开花，花开茎顶或叶腋，橘黄色或朱砂色。

译文

剪春罗花有红、黄、白三种颜色。五月开花，花瓣上的纹理如同罗网。

剪秋纱

〔一〕

一名汉宫秋。秋中开花，深红。植此二花，可无假秋云裁剪。

种法

俱春分下子，鸡粪肥之，长五六寸，即用架扶起。

注释

〔1〕剪秋纱：现称剪秋罗，石竹科多年生宿根草本植物，农历八九月开花。花似剪春罗，而色更艳。

译文

剪秋纱一名汉宫秋。秋季中旬开花，深红色。种植上（剪春罗和剪秋纱）这两种花，可以不用借裁剪秋云来装扮秋色了。

【种法】 这两种花都是在春分时节播种，用鸡粪施肥。当长到五六寸长时，就用木架将其扶起。

玉簪〔一〕

一名白萼。叶色如蕉，花开吐茎，而洁白堪爱。取其含蕊，入粉少许。过夜，女人敷面，则幽香可人。又有黄紫二种，色俱超尘而香不逮。

培法

性喜阴。花开时，宜以清水浇之。

孙铎〔2〕赋玉簪："披拂〔3〕西风如有待，徘徊凉月更多情。"可谓写神。

黄鲁直诗云："宴罢瑶池阿母家，嫩琼〔4〕飞上紫云车〔5〕。玉簪堕地无人拾，化作东南第一花。"

注释

〔1〕玉簪：百合科多年生草本植物。秋季开花，白色芳香。

〔2〕孙铎：孙铎（？—1215），字振之，恩州历亭（今山东武城）人，金朝大定年间进士，累官至参知政事。

〔3〕披拂：吹拂；飘动。

〔4〕琼：琼花。

〔5〕紫云车：典出晋代张华《博物志》卷八："汉武帝好仙道……七月七日夜漏七刻，王母乘紫云车而至于殿西。"此后就用"紫云车"咏女子所乘之车。

译文

玉簪一名白萼。叶片的颜色如同芭蕉。花从茎上吐出，洁白真堪赏爱。取其含蕊的花蕾，在脂粉中加入少许。女人以此敷面，经过一夜，则幽香可爱，让人喜欢。又有黄色和紫色的两种，均超尘脱俗，但香气不如白萼。

【培法】 性喜阴凉。花开时，适宜用清水浇洒。

孙铎赋玉簪云："玉簪花在秋风中摇曳，好似在等待着心上人的到来。清凉的月光在玉簪花上徘徊，使花儿更显出十分多情的样子。"可以说把玉簪花的神韵刻画了出来。

北宋诗人黄庭坚诗云："瑶池宴会散后，西王母的女儿琼花就乘上紫云车乘风飞去。她的玉簪不小心坠落到人间，化作了东南地区最美丽的花。"

山丹

花更夕〔2〕而谢，丹彩如霞，色极可爱。别有黄、白二种，更自淡雅。又番山丹，花小而色亦佳。分宜正月，番山丹宜八月。

注释

〔1〕山丹：亦称红百合。百合科多年生草本植物。春日开花，花瓣红或黄色。

〔2〕更夕：经过一晚上。

译文

山丹花一晚上就谢了，朱红的色彩如同云霞，颜色极其可爱。另有黄、白二种，则更为淡雅。又有一种番山丹，花小而色泽亦佳。山丹分根宜在正月，番山丹分根宜在八月。

洛阳

〔一〕

单瓣者名石竹，千瓣者名洛阳。花如钱而开五色，雅韵可爱，故古诗云："洛阳三月春如锦。"

种法

秋分下子，以肥水浇，长用小架扶倩。

注释

〔1〕洛阳：石竹科多年生草本植物。

译文

单瓣的名叫石竹，千瓣的名叫洛阳。花瓣圆圆如钱币而开出五种颜色，姿韵淡雅，十分可爱。因此古诗云："三月由于洛阳花的绽放，春色犹如锦绣。"

【种法】 秋分时下子播种，用肥水浇洒，长大后用小木架扶起。

花如甘菊，其色金红。冬日置日中晒之，花开最永。

种法

秋分下子，性喜肥而恶阴。

注释

〔1〕长春：夹竹桃科，一年生直立草本植物。

译文

花如甘菊，颜色红而微黄。冬天放置到阳光下晾晒，花开最久。

【种法】 秋分时下子。习性喜欢肥沃而不喜欢阴湿。

〔清〕恽寿平 绘

石菊
〔一〕

色深红，花如剪绒，细若堆绣，草本最佳种也。开历冬夏，摘头可扦。

注释

〔1〕石菊：石竹的别名，又名绿竹。石竹科多年生草本植物。

译文

石菊花颜色深红，如同被剪得短平的绒毛，细小繁多如同堆积的锦绣，是草本植物的最佳品种。花可以从冬天开到夏天，健枝摘取花头后可以扦插到地面来繁殖。

迎春[1]

花色娇黄，而春首先开，故名迎春。

种法

二月中分种肥土，焊[2]牲水灌之，则花繁。

注释

[1] 迎春：木樨科，落叶灌木。早春先花后叶，花黄色、鲜艳，故名"迎春"。清人陈淏子《花镜》卷三载："迎春花，一名腰金带，丛生，高数尺。方茎厚叶，开放早，交春即放。淡黄色，形如瑞香，不结实。对节生小枝，一枝三叶，候花放时移栽肥土或岩石上或盆中。而柔条散垂花缀枝头，实繁且韵。分栽宜于二月中旬，须用焊牲水浇方茂。"

[2] 焊（xún）：禽畜杀后用热水烫后去掉毛。

译文

花色娇黄，在春天最先开放，故名迎春。

【种法】 二月期间，分苗种在肥沃的土壤中，用烫了需去毛的禽畜的水浇灌它，那么花就开得茂盛。

金钱

　　午[1]开子[2]落，一名"子午"，又名"夜落"。梁[3]时始从外国得来。别有白者，名银钱花，开较迟。

　　梁豫州[4]掾①属[5]，以双陆[6]赌。金钱尽，以金钱花补之，鱼弘谓"得花胜得钱"。

　　郑荣作金钱花诗，未就，梦一红裳[7]女子，掷钱与之，曰："为君润笔[8]。"

校勘

①　"掾"原作"椽"，误。

注释

〔1〕午：指午时。古代上午十一点到下午一点的时段为午时。

〔2〕子：指子时。古代夜里十一点到一点的时段为子时。

〔3〕梁：指南朝梁。据唐人段成式《酉阳杂俎》前集卷一九载，金钱花在南朝梁大同二年（536）始从外国引进中土。

〔4〕豫州：南朝梁时所辖州郡有豫州和南豫州。豫州治寿春（今安徽淮南市寿县）。南豫州治姑熟（今安徽当涂县）。以金钱花代替金钱的典故最早见于唐人段成式《酉阳杂俎》，其中"豫州"作"荆州"。荆州治江陵（今湖北荆州市江陵县）。宋初《太平广记》收录此典故亦作"荆州"，至南宋《全芳备祖》《事类备要》始作"豫州"，后世相沿其误。

〔5〕掾属：佐治的官吏。

〔6〕双陆：又名"双六"。古时一种博戏。局如棋盘，左右各有六路，子称
作"马"，黑白各十五枚，两人相博，以骰子掷采行马，白马从右到
左，黑马反之，先出完者为胜。

〔7〕裳：本义为下衣，此处指裙子。

〔8〕润笔：典出《隋书·郑译传》。隋文帝命李德林作诏书恢复郑译爵位，
高颎乃戏译说："笔干。"译则回答说："不得一钱，何以润笔。"北
宋时，翰林学士与中书舍人草拟内外制（指皇帝的诰命），所得酬谢称
"润笔"。后泛指付给作诗、文、书、画人的酬劳。

译文

花午时开，子时落，故名"子午"，又名"夜落"。最
早在梁朝时从外国引进中土。另有白色的，名银钱花，花开
较迟。

南朝梁豫州治下的官吏玩双陆的赌钱游戏。钱输光了
就以金钱花补上。大臣鱼弘笑谓："得到金钱花胜过得到金
钱。"

郑荣作金钱花诗，还未作完，梦到一个身着红色裙子的
女子，抛钱给他，并说："这是赠君的润笔之费"。

水木樨

〔1〕

　　花如桂，微香袭人。二月分种。生杭之诸山中。一名指甲花，捣其叶以染指，红于凤仙。用山土移盆中，亦可供雅玩。

注释

〔1〕水木樨：千屈菜科落叶灌木。花可作香料，叶可作红色染料。

译文

　　花如桂花，淡香袭人。二月时分根。水木樨生于杭州众山之中。一名指甲花，捣碎它的叶子，取其汁液可以染指甲，比凤仙花还要红。取山土，将其移入盆中，也可以放在居室中供雅人赏玩。

秋日发花，叶肖牡丹，而花开浅紫、黄心，或能变色。分栽易活。

注释

〔1〕秋牡丹：毛茛科多年生草木植物。清人陈淏子《花镜》卷五言"其花单叶似菊，紫色黄心，先菊而开，嗅之气不佳，故不为人所重"。

译文

秋季开花，叶片的形状与牡丹叶相似，但花瓣为淡紫色的，花心为黄色的，有的能变色。分根栽种，更容易成活。

木莲 [1]

花之枝头，宛然莲萼 [2]，故白乐天诗云："水边花尽木莲开。"

注释

[1] 木莲：即木兰，木兰科落叶乔木。

[2] 莲萼：萼指包在花瓣外面的若干枚绿色叶状薄片，花开时托着花瓣。据王其超等著《荷花》，荷花一般有4~5枚萼片，绿色，花开后脱落。因此这里说的莲萼不是花萼，而是花瓣。

译文

花的枝头，仿佛莲花的花瓣，因此唐朝诗人白居易诗云："水边的花都谢了，木莲接着开放了。"

金梅

花五出，如金，香色可赏。

译文

花为五瓣，颜色金黄。无论是香气还是色彩都赏心悦目。

金丝桃

〔一〕

花如桃而金色，中有金须，铺出瓣外，黄嫩可观。折枝可扦。

注释

〔1〕金丝桃：金丝桃科半常绿灌木。明人周文华《汝南浦史》卷七："金丝桃树高二三尺，五月初开花。花六出，中有长须，花瓣大于桃，其形状宛如桃花，但色异耳。春分时可分栽。又一种似梅者名金梅。其花差小，比金桃似胜。"

译文

花的形状如桃花，但颜色却是金黄的。花心中有金色的柔须，向外铺展到花瓣之外，金黄娇嫩，十分优美。折枝即可扦插成活。

凤仙

一名金凤花，虽易生易茂，而颜色鲜媚，有贵本所不及。诸色皆备，又有黄者、蓝者，种特少。

宋李后[1]，小名凤娘，六宫[2]避讳[3]，呼为"好女儿花"。

李玉英[4]捣凤仙染指甲，后于月下调弦，人比之落花流水。

〔1〕宋李后：宋光宗赵惇（1147—1200）的皇后李凤娘。

〔2〕六宫：古代皇后的寝宫，正寝一，燕寝五，合为六宫。

〔3〕避讳：封建时代对于君主和尊长的名字，为示尊敬，避免说出或写出而改用他字，叫做"避讳"。此处宋光宗的皇后名李凤娘，因此宫人就改称凤仙花为"好女儿花"。

〔4〕李玉英：约于明武宗至世宗（1506—1566）前后在世，锦衣卫千户李雄之女。

译文

一名金凤花。虽然它容易成活，也容易长得茂盛，但颜色鲜艳妩媚，有其他名贵植物所不能企及的优点。各种颜色都有。其中黄色和蓝色的品种特别稀少。

南宋光宗的李皇后，小名凤娘。六宫内的妃嫔婢女为避讳她名字中的"凤"字，都呼凤仙花为"好女儿花"。

李玉英捣凤仙花以其汁液染指甲。此后在月光下调弦抚琴，琴音婉转动听，时人将此妙音比作落花流水。

鸡冠

有璎珞、剪绒、绣球、团扇、寿星[1]五色，百鸟朝王[2]，诸种扇面者以矮为佳，凤尾者以高为趣。二色者一蒂而分紫、白、黄，亦奇种也。白者治妇人淋疾。

下子法

清明撒子，用扇子或妇人裙子撒之，则花开成片，高撒则花高，低撒则花低。

解学士[3]有应制鸡冠诗[4]，人竞传之。

注释

〔1〕有璎珞……寿星：璎珞、剪绒、绣球、团扇、寿星都是古代鸡冠花的品种。据明人王路《花史左编》和清人陈淏子《花镜》，名璎珞者，"花尖小而杂乱如帚"，名寿星者，"以矮为贵"。

〔2〕百鸟朝王：鸡冠花的品种，主枝顶端的花特别大，分枝顶端者则小，如群鸟朝王。

〔3〕解学士：指解缙（1369—1415），字大绅，江西吉水（今江西吉安市吉水县）人，洪武二十一年（1388）进士，明初著名政治家和文学家。

〔4〕鸡冠诗：明人王路《花史左编》卷一六记载了一则解缙作《鸡冠花》诗的趣闻，"解缙尝侍上侧，上命赋《鸡冠花》诗。缙曰：'鸡冠本是胭脂染。'上忽从袖中出白鸡冠，云是白者。缙应声曰：'今日如何浅淡妆。只为五更贪报晓，至今戴却满头霜。'"

译文

　　鸡冠花有璎珞、剪绒、绣球、团扇、寿星五个品种，百鸟朝王，各种扇面的鸡冠花以矮小的为佳，凤尾者以高挑的更有意趣。两种颜色一个花蒂而分紫、白、黄，也是奇种。白色的鸡冠花可以治妇人的淋疾之症。

　　【下子法】　清明时节撒花籽，用扇子或妇人的裙子泼散，那么就会花开成片。高抛漫撒则花茎高，低抛近撒则花茎矮。

　　解学士奉命以鸡冠花为题作诗，人们争相传诵。

〔清〕王武　绘

秋色 [一]

有老少年、十样锦、雁来红、雁来黄、锦西风诸种，俱杂色相间，丰姿鲜丽，园亭多得此，庶不见秋容之寂寞耳。

下子法

正月候，撒子于耧熟肥土中，如恐蚁食，以毛灰盖之。性喜洁恶肥，宜以河水浇之。

谢观 [2] 赋云："空三楚 [3] 之暮天，楼中历历；尽六朝之故地，草际悠悠。"语极冷隽。

注释

[1] 秋色：苋科苋属观赏草本植物。

[2] 谢观：唐代文学家。生卒年不详。曾任荆州从事。《新唐书·艺文志》著录《谢观赋》八卷，但今无传本。《全唐文》卷七五八存其骈赋一卷，共二十三篇。但"空三楚之暮天……"之语并非谢观所赋。这是唐代另一位诗人黄滔所作的《秋色赋》，《历代赋汇》《全唐文》皆有收录。黄滔（生卒年不详），字文江，莆田（今属福建）人。乾宁二年（895年）进士。唐末五代诗人。官至监察御史里行。有《黄御史集》，《全唐诗》存其诗三卷。

[3] 三楚：战国楚地疆域辽阔，秦、汉时分为西楚、东楚、南楚，合称为"三楚"。后多用以泛指湘、鄂一带。

译文

有老少年、十样锦、雁来红、雁来黄、锦西风等诸多品种，都是各种颜色相间，丰神姿韵极为鲜明亮丽。园亭中多植一些这类植物，也许可以使秋色不那么冷清萧条。

【下子法】 正月时，撒籽于熟透的肥土之中，如果担心被蚂蚁拖食，就用毛灰盖住。性喜洁净，不喜欢脏烂的肥料，宜用河水时常浇灌它。

谢观《秋色赋》云："楚天暮色，辽远空阔，登楼远眺，历历在目。都是六朝故地，芳草萋萋，一望无际。"语言极其清冷隽永。

蝴蝶

花形如蝶，有紫粉、金黄、翠蓝诸色。蓝者花色娇媚，为诸色第一，他者次之。俱于秋日分种。

译文

花形如蝴蝶，有紫粉、金黄、翠蓝等各种颜色。蓝色的花色娇艳妖媚，为各种颜色中最好的，其他颜色的稍差一些。都在秋季分种。

紫罗兰

色紫翠而形似萱，四月发花，娇冶可爱，秋深分植。

译文

颜色紫中带翠绿色，叶片的形状与萱草叶相似。四月开花，娇美妖冶，惹人喜爱。晚秋时节，进行分植。

含笑 [1]

花淡红，态若含笑，亦名笑靥花。数条丛生，春初分种。又有藤本泼雪[2]，宜棚。

注释

[1] 含笑：蔷薇科灌木。

[2] 泼雪：含笑花的一种。明人宋诩《竹屿山房杂部》卷一〇载："泼雪藤，一叶一花，甚繁而白，朵若梨花，经春至夏。春雨时取枝条压土中，生根移种之，辅以屏架。"

译文

花淡红色，姿态好像含笑的脸，又名笑靥花。数条丛生，春初分根种植。又有藤本的含笑花名泼雪，宜在棚中养殖。

雪里红

藤本，结子鲜美与雪相映，宜用架引之。

译文

藤本，结籽鲜嫩美艳与雪相辉映，宜用木架引其攀援。

史君子

花如海棠，柔条堪爱。夏中盛开，葩艳轻盈，作架植之，蔓延若锦。

译文

花如海棠，柔美的枝条足以让人怜爱。夏季盛开，花朵颜色艳丽而轻盈，作木架将其扶植，便会在架上蔓延铺满，如同锦缎一般。

蕉

自东粤来者，名美人蕉。叶修而木者曰芭蕉。绿色映人，多植书窗，日色照之，几簟[1]皆绿。月色风声，令人益难为情。花开若莲，而色丹黄者亦有之。中心一朵，晓生甘露，其甜如饴。须临晨采食，日出即亡。别有凤尾、铁屑、番蕉，俱美。

种法

霜后用稻草包之，春中解去。嫩绿初稊[2]，勿令他损。

治法

蕉叶憔悴，用大钉烧红，钉根上，立苏。

怀素[3]家贫无纸，常种芭蕉万余，以供挥洒，名曰"绿天庵"。

王摩诘[4]画《袁安卧雪图》，旁列芭蕉，以淡绿色衬雪，后多仿之。

唐伯虎[5]画美人，以绿蕉一叶为簟，不觉风味洒然，语云："蕉衫[6]换酒，蕉雨[7]当琴。"境绝清异，特未许尘人领取。

注释

[1] 几簟（jī diàn）：古人凭依、坐卧之具。几，矮或小的桌子，用以搁置物件。簟，供坐卧的竹席。

[2] 稊（tí）：通"荑"，植物的嫩芽。

[3] 怀素：怀素（725—785），唐代书法家、僧人，长沙（今属湖南）人。精勤学书，以善"狂草"闻名。相传秃笔成家，并广植芭蕉，以蕉叶代纸练字，固名其所居曰"绿天庵"。

[4] 王摩诘：即王维（701—761），字摩诘，太原祁（今山西祁县）人，盛唐著名诗人、画家、音乐家。其诗、画艺术紧密结合，相得益彰，苏

轼称赏云："味摩诘之诗，诗中有画；观摩诘之画，画中有诗。"

〔5〕唐伯虎：即唐寅（1470—1524），字伯虎，一字子畏，号六如居士、桃花庵主。明代画家、文学家、书法家。书画与沈周、文徵明、仇英并称"明四家"。诗歌与文徵明、祝允明、徐祯卿并称"吴中四才子"。

〔6〕蕉衫：用麻布缝制的衣衫。

〔7〕蕉雨：指雨打芭蕉的声音。清泠疏雅，如同大自然弹奏的美妙琴音。

译文

来自东粤的品种，名美人蕉。叶片修长宽大、茎干为木质的名芭蕉。绿色映人心眼。多植于书窗之外，日光照拂，几席皆披绿影。若逢清夜，月色皎洁，风声习习，对影芭蕉，令人更加情驰难禁。花开色若红莲，但也有红中带黄的品种。碧叶中心花开一朵。清晨，甘露滋生于花瓣，甜美如糖饧。一定要在太阳出来之前采食甘露，日出后随即干涸消失。另有凤尾、铁屑、番蕉等品种，都十分美好。

【种法】待霜后用稻草包起来，春天时解开。待美人蕉长出嫩芽，要注意不要使它受损。

【治法】蕉叶枯萎，将大钉烧红，钉在根上，很快就会复苏。

怀素家贫没有纸，曾经种植了万余株芭蕉，以供给他挥洒书写，因而他的居所名曰"绿天庵"。

王摩诘画《袁安卧雪图》，其旁列植芭蕉，以淡绿色与莹洁的白雪互相衬托。后人画芭蕉多仿此构图。

唐伯虎画美人，以一叶绿蕉为席，不经意中让人感到风韵翩翩，潇洒自然。他对人说："蕉衫可以换酒，蕉雨可以当琴。"此意境特异清绝，不许俗人领受。

菖蒲

　　其种有四，福建蒲细长而直，泉州蒲茂短而黑，龙钱蒲盘绕而粗，苏、杭蒲壮大而密。性喜洁而忌日，养以清水，供以奇石，取作盆玩，雅称第一。

种法

　　四月初，取横云山细沙密密种之，经雨后根露，再以深水蓄之，不令见日。悉皆净剪，长成粗叶，即便修去。秋初再剪，则渐细矣。

养蒲诀

　　春初宜早除黄叶，夏日常宜满灌浆。

　　秋夜更宜沾雨露，冬须暖日避风霜。

　　春分最忌催花雨，夏畏水浆热似汤。

　　秋怕水根生垢腻，严冬更畏雪相伤。

四季诀

　　春迟出，夏不惜勤剪，秋水深，冬藏密。

忌诀

　　添水不换水，见天不见日，宜剪不宜分，浸根不浸叶。

　　苏子由[1]蒲盆中忽生九花，因忆安期生服九节蒲[2]。久之，仙去。

注释

〔1〕苏子由：既苏辙，字子由，号颍滨遗老，眉山（今属四川）人。苏洵之子，苏轼之弟。北宋文学家。

〔2〕九节蒲：菖蒲的一种。节密，每寸达九节余，故名。古人以为服食菖蒲，可以延年益寿。菖蒲以节的多寡定其上下品，晋人葛洪《抱朴子·仙药》载："菖蒲生须得石上，一寸九节已上，紫花者尤善也。"北宋《太平御览》卷九九九引《本草经》云："菖蒲生石上，一寸九节者，久服轻身，明耳目，不忘不迷。"

译文

菖蒲有四个品种，福建蒲叶片细长而挺直，泉州蒲叶片茂盛、短小而显黑，龙钱蒲叶片缠绕而粗阔，苏、杭蒲壮大而密实。习性喜洁净但害怕日晒，以清水养殖，其旁摆设奇石，取来作为盆景玩赏。优雅之趣，花中第一。

【种法】 四月初，取来横云山上的细沙，密密实实地将菖蒲植于沙中。经雨后根系外露时，再多蓄积水于其中，不要令其见日光。将菖蒲都整整齐齐地剪好，每当长成粗叶，就立即修剪整齐。秋初再修剪，叶片就渐渐变细了。

【养蒲诀】 春初宜早些除掉枯黄的叶子，夏日要常常浇满水。秋夜更应让蒲草沾洒些雨露，冬天需将其置于有日光的地方，还要避免风霜的侵袭。春分时最忌遭受春雨的侵凌，夏天最忌以热水浇灌。秋天怕水中的花根生垢腐烂，严冬时更怕风雪的伤害。

【四季诀】 春天要晚一些放到室外；夏天要勤修整枝叶，不要因爱惜而舍不得修剪；秋天要多浇水；冬天要注意保暖。

【忌诀】 菖蒲应勤添水，而不要换水；应置于室外阴凉处，而不要让日光直晒；应勤剪叶修整，而不要分根；添水应浸没根部，而不要浸到叶片。

苏子由花盆中的菖蒲忽然生出九朵花，由此联想到了安期生服九节蒲的故事。一段时间后，就去世了。

葵花

又名戎葵，出自西蜀，有五六十种。色有红、紫、白、黑、深浅桃红、茄紫，杂色相间。花有千瓣、五心、重台、剪绒、锯口、圆瓣、五瓣、重瓣，种种奇态，不可名状。五月繁华，莫过于此。其花可收干入香炭墼①〔1〕内，引火耐久。叶可染纸，名曰"葵笺"。

种法

八九月，锄地下子。至春初，删其细小者。不可缺肥。

校勘

① "墼"，原作"堑"，此据明人高濂《遵生八笺》卷一五改。

注释

〔1〕香炭墼（jī）：即焚香用的炭饼。多以炭末掺入香料及其他耐燃物如草灰等制成。干葵花耐燃，故取以加入其中。明人高濂《遵生八笺》卷一五对香炭墼的制作方法有详细的描述，"以鸡骨炭碾为末，入葵叶或葵花，少加糯米粥汤和之，以大小铁塑槌击成饼，以坚为贵，烧之可久。或以红花渣代葵叶或烂枣入石灰和炭造者亦妙"。

译文

　　葵花又名戎葵，出自西蜀，有五六十种。色有红、紫、白、黑、深浅桃红、茄紫，杂色相间。花有千瓣、五心、重台、剪绒、锯口、圆瓣、五瓣、重瓣，种种奇异的形态，无法用言语准确地形容。五月繁花簇锦，莫过于此。其花可晾干后掺入香炭饼内，引火后十分耐燃。葵叶可以染纸，名曰"葵笺"。

　　【】　八九月间，锄地下子。至春初，拔除其中细小纤弱的葵花子苗。不可以缺少肥料。

松

山松之外有括子松、虎须松、罗汉松，而天目[1]为第一。峻骨奇姿，婆娑万状。花可以充幽人之馔，而香味绝尘，以此偃仰园林，庶几"虽无老成人，尚有典型"[2]。

移法

社[3]前剸[4]去低枝，带土移栽。仍去松下大根，止留旁须，则枝生偃盖[5]。

法潜[6]隐剡山[7]。或问胜友[8]为谁，乃指松曰："此苍颜[9]叟也。"

天宝末，秦系[10]避乱泉州。安南有大松百余章。系结庐其上，穴石为砚，注《老子》，弥年[11]不出。

陶弘景[12]爱松风[13]，庭院皆植之，每闻其声，欣然自乐。

鲜于伯机[14]于废圃中，得怪松一株。移至斋前，呼为"支离叟"[15]。

注释

[1] 天目：即天目松，松种产于天目山（地处今浙江两北部）岩罅间，明代宋诩《竹屿山房杂部》卷九说：天目松"得雨露所润而生，非由土而滋养。其松针粗短甚坚，岁久亦止数寸，自含古意"。

[2]"虽无老成人，尚有典型"：语出《诗经·大雅·荡》。老成人：年高有德之人。典型：旧法常规。意思是虽然身边没有年高德劭（shào）之人，但还有成法可以依傍。

[3] 社：此处指春社。

[4] 剸（tuán）：割；截断。

[5] 偃盖：车篷或伞盖。这里形容松树枝叶横垂，张大舒展如伞盖。

[6] 法潜：东晋时僧人。兴宁二年（364）奉诏在禁中讲《般若经》。

[7] 剡（shàn）山：即今浙江嵊（shèng）县西北隅城隍山南支。

[8] 胜友：良友、益友。

[9] 苍颜：苍老的容颜。老松树皮龟裂，枝干虬曲夭矫，有如面容苍老的长者。

[10] 秦系：（约725—约805），字公绪，号东海钓客，越州会稽（今浙江绍兴）人，唐代诗人，与刘长卿、韦应物友善。

[11] 弥年：经年、终年、全年。形容持续时间很久。

[12] 陶弘景：（456—536），字通明，自号华阳隐居，丹阳秣陵（今江苏南京）人。南朝齐梁时期道教思想家、医学家、政治家。

[13] 松风：松林间吹拂的风。这里指风吹掠过松枝的声音。

[14] 鲜于伯机：即鲜于枢（1246—1302），字伯机，号困学山民、直寄老人，渔阳（今天津蓟县）人。元代著名书法家，与赵孟頫齐名。

[15] 支离叟：指支离疏，《庄子·人间世》中的寓言人物，肢体畸形。这一命名是为了突出松树的怪奇特征。

译文

　　山松之外有括子松、虎须松、罗汉松，而天目松为第一。骨格刚劲，风姿奇伟，舒展摇动，姿态万千。松花可以充当幽人隐士的食物，其香味醇厚，远超尘俗之食。以此俯仰园林，或许即便身边没有年高德劭之人，也可以从松树的品格中受到启发，以之为榜样吧。

　　【移法】 春社前割掉低枝，带土移栽。仍然去掉松下的大根，只留下旁侧的须根，如此就会枝叶茂盛，铺展如伞盖。

　　法潜在剡山隐居。有人问其良朋益友是谁，他竟然指着松树说："这容颜苍老的长者就是我的朋友啊。"

　　天宝末年，秦系避乱来到了泉州。安南有大松树百余株。秦系在松树上建造房屋，凿石为砚，注释《老子》，终年不出。

　　陶弘景酷爱松风之声。庭院遍植松树，每闻松风之声，欣然自乐。

　　鲜于伯机在荒废的园圃中得到一株怪松。他将其移栽到书斋之前，呼作"支离叟"。

竹

竹有雌雄，当自根上第一枝观之。双枝者雌而笋多，独枝者为雄。亭榭植此，则青翠萧森[1]，秀色欲滴。罗罗[2]清疏，如云林[3]之画。长夏[4]散步入林，可以忘世，可以傲世矣。

种法

积土高于旁地尺许，则水潦[5]不侵。移种以五月十三竹醉日[6]为上。又云五月二十，或云每月二十，又云正月一日、二月二日，每月仿此，皆可种时。若用锄头打实土，则生笋迟。须于向阳处，两三竿作一本，其根自相扶持，尤易活。竹与菊根俱向上，当添泥覆之。种须去稍，掘沟，用笼糠[7]和泥拌根，然后填土。或铺大麦[8]于其中，令根着麦上，以土盖之，则易茂耳。

引笋

隔篱埋死犬、猫，则明年笋出于此。广埋此类，则盛极矣。

湘夫人[9]泪下，洒竹上成斑，因号"湘妃竹"。

王子猷[10]居必种竹，人问之，曰："何可一日无此君。"

张荐[11]有修竹数顷，常于竹中为屋，隐居其中。人造[12]之，遁竹中，不得一见。

山涛[13]诸人，日纵饮竹林，时号"竹林名士"[14]。

注释

〔1〕萧森：草木茂密的样子。

〔2〕罗罗：清疏的样子。

〔3〕云林：指元代画家倪瓒（zàn）。倪瓒，号云林子，常州无锡（今属江苏）人。擅画水墨山水，初师董源，复取法于李成、荆浩、关全，工力极深，自成一家。构图取平远之景。笔法常用侧锋，创"折带皴"。

〔4〕长夏：夏季白昼极长，故称"长夏"。

〔5〕水潦（lǎo）：因雨水过多而积在田地里的水或流于地面的水。

〔6〕竹醉日：宋人范致明《岳阳风土记》载："五月十三日，谓之龙生日，可种竹，《齐民要术》所谓竹醉日也。"此日栽竹多茂盛。

〔7〕笼糠：即砻糠，稻谷辗磨后脱下的外壳。

〔8〕大麦：植物名。禾本科大麦属，一二年生或越年生草本植物。据陈嵘《竹的种类及栽培利用》（中国林业出版社，1984年）介绍，像铺大麦这样铺草培土的作用有五：①使表土疏松，有利于鞭根蔓延生长；②减少表土水分蒸发，防止干燥；③减少杂草发生，并防止表土冲刷；④防止地温发散，减少冻害；⑤增加土壤腐殖质，提高肥力。

〔9〕湘夫人：指舜帝的两位妃子娥皇和女英。

〔10〕王子猷（yóu）：魏晋名士。《世说新语》载其爱竹轶事，强调了即便是暂时居住在别人家的空宅子里，他也要种竹。

〔11〕张荐：字孝举，深州陆泽（今河北深州市）人。深通经史之学，善辞章，能译辨《周礼》《春秋》。唐代宗、唐德宗时为史馆修撰，为裴延龄所忌，三使吐蕃。累官御史中丞。

〔12〕造：拜访。

〔13〕山涛：字巨源，河内怀县（今河南武陟西）人，魏晋玄学家。

〔14〕竹林名士：即竹林七贤，包括嵇康、阮籍、山涛、向秀、王戎、刘伶及阮咸。他们经常在竹林之中聚会，恣意酣饮，放达不羁，故世人称之为"竹林七贤"，又称"竹林名士"。

译文

竹有雌雄，当从根上第一枝的形态来观察、判断。双枝的为雌竹，其笋必多；独枝的则为雄竹。亭台楼榭丛植绿竹，看上去青郁茂密，温润湿翠得似乎要滴出水来。其清疏淡远，又如元代画家倪瓒之画的意境。夏天到竹林中散步，可以忘却世情，笑傲尘世了。

【种法】 积土要高于旁边的土地，高出约一尺，那么就不会积水。移栽以五月十三日竹醉日这天最好。又有人说五月二十日，有人说每月二十日，还有人说正月一日、二月二日，每月依此推算，都是可以种竹的时间。若用锄头将土打实，则生笋就会迟一些。应当种在向阳处，两三株竹竿放置在一个坑中，它们的根就会互相扶持，尤其容易成活。竹与菊的根都向上长，应当常常添加泥土将裸露的根须覆盖住。种的时候应当去掉竹梢，然后掘一个深沟，把砻糠和泥包在根上，然后往沟中填土。或在沟中铺上一层大麦，令竹根附着在大麦上，再往里填土，这样也容易长得茂盛。

【引笋】 隔着竹篱笆埋下犬、猫的死尸，明年就会从这些地方生出竹笋。多埋这些动物尸体，那么竹子就会长得极其茂盛。

舜帝二妃娥皇和女英流下的眼泪洒落在竹竿上，留下了斑斑印迹，因此这类竹子号称"湘妃竹"。

王子猷的居所处必定有竹子，人们问其原因，他说："怎么可以一天不见此君呢？"

张荐种有竹林数顷，常常在竹林中建造房屋，隐居其中。有人来拜访他，他就遁隐到竹林之中，访客难以见其一面。

山涛等人，每日在竹林中恣意酣饮，时号"竹林名士"。

〔清〕恽寿平 绘

柏

柏之上品有二，曰千头[1]，曰缨络。盘旋曲折，氤氲[2]袭人。山居采松花作饭，拾柏子合百和香[3]烧之，迥非人境。

移法

如松，但取咸汁[4]洒之，易生苔藓。

东坡尝拾柏子和苍术[5]、枣实、龙眼[6]壳同烧，名曰"百和香"。汉武有柏梁殿[7]，六朝新之。时文词靡丽，竞作"柏梁体"。

注释

〔1〕千头：即千头柏，又名凤尾柏、扫帚柏、子孙柏，为柏科侧柏属常绿灌木。千头柏树冠丰满，酷似绿球，可对植于门庭、纪念性建筑周围。

〔2〕氤氲（yīn yūn）：形容香气不绝。

〔3〕百和香：香名，又称百杂香，是古代一种用多种香料配制而成的香。

〔4〕咸汁：含盐分的汁水。

〔4〕苍术（zhú）：中药名。多年生草本植物，秋天开白色的花，嫩苗可以吃，根肥大，如老姜之状，可入药。

〔5〕龙眼：即桂圆。

〔6〕柏梁殿：又称柏梁台。据《三辅旧事》载：柏梁台"以香柏为梁也，帝尝置酒其上，诏群臣和诗，能七言者乃得上"。诗由汉武帝作首句"日月星辰和四时"，以下梁孝王等二十五人每人各赋一句，每句用韵。其内容均与本人的身份、职位相符。后世模仿这种诗体，称为"柏梁体"。

译文

柏树的上品有两种，一曰千头，一曰缨络。柏树的枝条盘旋曲折，香气弥漫不绝。在山中居住，采集松花做饭，拾取柏子与百和香一同薰烧，好像不是人间而是仙境。

【移法】 移栽方法与松树相同。只是移栽时要取一些咸汁浇洒，否则容易滋生苔藓。

苏东坡曾经捡拾柏子和苍术、枣实、龙眼壳一同烧制，名曰"百和香"。汉武帝时建有柏梁殿，六朝时被拓新。当时文辞绮靡华丽，竞相赋作"柏梁体"。

桧

古干危柯，如蛟如螭[1]，园林多红粉佳人，何可无一二丑奴环侍！但貌古而奸，不无睥睨[2]耳。冬叶亦多红。本大者可十围。

金谷园[3]多苍松古桧，石季伦呼为"二老"。

武林[4]岳庙有双桧，上合下分，中可通行。世传为雷神所分，因名"分尸桧"[5]。忠邪二气，千古凛然。

注释

〔1〕如蛟如螭（chī）：都是古书上说的没有角的龙，这里是形容桧的古峭。

〔2〕睥睨（pì nì）：窥伺。即暗中观望动静，等待下手机会。

〔3〕金谷园：西晋卫尉卿石崇的私人宅园，因靠近金谷涧而得名，故址在今河南洛阳市西北。石崇，字季伦。

〔4〕武林：古代杭州的别称，以武林山得名。南宋周密有《武林旧事》一书，专记杭州事迹。

〔5〕分尸桧：被雷劈分尸的桧树。南宋奸臣秦桧以"莫须有"的罪名陷害岳飞。这里桧树的命名包含了人们对秦桧的憎恨。

译文

　　茎干苍老高耸，枝叶古朴交错，如蛟如螭。园林中美艳的花卉众多，如同红粉佳人，怎么可以没有一两个丑陋的奴仆环绕侍立于其侧呢？但其模样古朴却奸邪狡诈，未尝没有窥伺、不轨之用心。冬天，叶片多变成红色。树干粗大的桧树，约十个人才能合围起来。

　　金谷园里苍老古穆的松、桧很多，石季伦称他们作"二老"。

　　杭州岳飞庙有株双桧树，上面枝叶交合，下面分成两干，中间可以通行。世人传说是被雷神劈开的，因此叫"分尸桧"。忠邪二气，凛然分明，千古之下，让人敬畏。

枫

一名红树。秋半枫叶渐红，凌冬愈艳，霜雪中醉颠[1]仙也。本古者极大，子可治疾。古诗云："燕坐枫林晚，红于二月花。"[2]觉山林生色。

蜀尚书侯继图倚大慈寺楼，见飘一红叶[3]，上书"拭翠敛蛾眉[4]，为郁心中事。搦[5]管下庭除[6]，题作相思字。此字不书石，此字不书纸。书向秋叶上，愿逐秋风起。天下有情人，尽解相思死"。后卜婚[7]任氏，尝讽此事，任笑曰："此是妾言。"

郑虔[8]为博士，寓慈恩寺。日以红叶学书，岁久殆[9]遍。

注释

〔1〕醉颠：古代善饮的禅僧。明代袁宏道谈历代各类饮者时说："醉颠、法常，禅饮者也。"

〔2〕"燕坐枫林晚，红于二月花"：这两句诗实为晚唐诗人杜牧《山行》中的诗句："停车坐爱枫林晚，霜叶红于二月花。"

〔3〕红叶：据《全唐诗》卷七九九收录的任氏《书桐叶》诗可知，红叶为桐叶，非枫叶。

〔4〕蛾眉：美人细长而弯曲的眉毛，如蚕蛾的触须，故称为"蛾眉"。

〔5〕搦（nuò）：捏；握持。

〔6〕庭除：大厅前台阶下的院子。

〔7〕卜婚：选择婚姻的对象。卜，选择。

〔8〕郑虔：字弱齐，郑州荥阳（今属河南）人。唐代著名画家。曾画《沧州图》并题诗以献，玄宗于其画尾题"郑虔（诗、书、画）三绝"，从此画名大噪。

〔9〕殆：大概，几乎。

译文

　　枫树又名红树。仲秋时节，枫叶渐渐变红，迫近寒冬，更加红艳，与洁白的霜雪映衬，真如醉颠仙人啊。树龄古老的枫树根特别大，枫树子可以治病。古诗写道："傍晚在枫林中休憩，那枫叶比春天的鲜花还要红艳。"只觉山林由此而增色。

　　蜀国尚书侯继图倚靠着大慈寺的寺楼眺望，只见飘来一片红叶，上面写着："我轻轻揩拭发髻上的翠翘，不觉皱起了蛾眉，因为郁积着不少心事。握笔走下庭前的台阶，捡起一片秋叶，题写下相思的文字。这文字不书写在碑石之上，也不书写在红笺之上。我要书写在秋叶之上，愿它追随着秋风翩翩飞起。普天下的有情人啊，一定都能理解为什么有人会因相思而死吧。"后来侯继图与任氏成婚，曾经谈起此事嘲讽红叶题诗之人，任氏笑着说："这是我写的。"

　　郑虔为博士，寄居在慈恩寺。每天以红叶为纸，练习书法。时间久了，几乎所有红叶都被他写满了字。

椿

大椿[1]以八千岁为春秋。植之园林，可以空寿夭[2]，齐[3]彭殇[4]。茂叶修柯，夏日与桐阴争美。

张茂卿尝于椿树杪[5]接牡丹，飘摇云表[6]。花时延宾于楼头，赏焉。

注释

〔1〕大椿：《庄子》寓言中的木名，以一万六千岁为一年。《庄子·逍遥游》曰："上古有大椿者，以八千岁为春，以八千岁为秋。"

〔2〕寿夭：长命与夭折。

〔3〕齐：是齐一、等同，没有区别的意思。

〔4〕彭殇：也是寿夭的意思。彭，彭祖，以之为长寿的象征；殇，未成年而死。相对于大椿树的"长生"来说，人世间的寿与夭都算"短命"，因此"寿夭""彭殇"便没有区别了。

〔5〕杪（miǎo）：树枝的细梢。

〔6〕云表：即云外、天空。

译文

上古的大椿以八千岁为春，以八千岁为秋。将它种植到园林中，其他植物无论是长命还是夭折，与之相比，都可谓"短命"，也就没有寿夭的区别了。大椿的枝叶丰茂繁硕，夏日可以和桐树荫相媲美。

张茂卿曾经在椿树的树梢上嫁接牡丹花，使其在天空中轻轻飘拂摇曳。牡丹花盛开时，张茂卿便延请宾客登楼欣赏。

桐

　　始生十二叶，与月令[1]相协。有闰则生十三叶，秋至则落一叶，以报金风[2]。造化之奇，偏于此显。花色黄而香，无花则岁大寒。世传凤凰所栖。今南中桐花，时有鸟饮啄其上，名曰"桐花凤"。

　　唐王义方[3]买宅。既定，见青桐二株，曰："此忘酬值。"急召宅主，付之钱。人怪之，王曰："此佳树，非他物比。"

注释

[1]月令：原指《礼记》中的一篇《月令》。所记为农历十二个月的时令、行政及相关事物。这里指十二个月的气候和物候。

[2]金风：秋风。古有"梧桐一叶落，天下尽知秋"之句。

[3]王义方：唐初人，《旧唐书》有传："王义方，泗州涟水（今属安徽）人也。少孤贫，事母甚谨，博通《五经》，而謇傲独行。"

译文

桐树初生一枝上长十二片叶子，恰好与月令的十二个月相配相合。如遇闰年，就会生出十三片叶子，秋至时会飘落一片，以传达秋风的消息。大自然的奇妙，正在这里显现出来。桐花呈黄色而有香气，如果不开花，就预示着这一年将极其寒冷。世人传说桐树是凤凰栖息的地方。今年南中盛开桐花，常常有鸟在上面饮露啄食，名字叫"桐花凤"。

唐代王义方买了一处宅院。交付酬值后，才发现宅中有青桐二株，自言自语道：忘了付这两株青桐的钱了。"于是赶忙将宅主邀请来，付钱给他。人们对他的做法感到奇怪，他回答说：这是佳树，不是其他事物能比的，因此应当付酬值。"

古名槐龙[1]。庭院植之，阴生翠积。

齐景公[2]种槐令云："犯槐者刑，伤槐者死。"虽涕迫牛山[3]，护槐实甚。庾信云："冷共梅花，影消槐树。"于此可想其丰采。

王晋公[4]手植三槐，曰："吾子弟必有为三公[5]者。"已而文正公父子[6]入相，东坡为作《三槐堂铭》。

明皇失太真妃，后每睹宫槐秋落，惨焉久之。

注释

[1] 槐龙：老槐茎柯夭矫虬劲，盘曲如龙，故名槐龙。

[2] 齐景公：春秋末齐国国君。名杵臼，齐庄公之异母弟，在位58年。

[3] 涕迫牛山：《晏子春秋·谏上》载，齐景公游于牛山，俯视国城，泣下沾衣，产生了恋国畏死的悲慨。

[4] 王晋公：指王祐（924—987），字景叔，大名府莘县（今山东莘县）人。宋初官吏。

[5] 三公：官名合称。三公之称，古已有之，虽所指各异，但都是人臣中最高的三个职位。如西汉以大司徒、大司马、大司空为三公，分掌政务、军事和监察。东汉以司徒、太尉、司空为三公。

[6] 文正公父子：指王旦、王素父子。王旦，字子明，王祐次子，真宗时拜给事中、工部尚书等职，去世后封魏国公，谥"文正"。王素，字仲仪，王旦之子，官至工部尚书。

译文

古时名槐龙。庭院中种植，槐荫满院，翠色如云。

齐景公种槐令写道："侵犯槐树者，要受到处罚；损伤槐树者，要被处死。"齐景公虽然在牛山涕泣，但护槐实在有些过分。庾信说："冷共梅花，影消槐树。"从这里可以想象槐树的丰采。

王晋公亲手种植了三棵槐树，说："我的后辈中一定会有人成为三公。"不久，文正公父子双双入相。苏东坡为他们作《三槐堂铭》。

唐明皇失去了贵妃杨太真。此后，每当看到宫中槐叶在秋风中飘落，就会忧伤不已。

柳

叶初稊淡黄，久之渐绿。袅娜[1]风流，柔若不胜。而藏莺滞燕，带雨栖烟，种种丰神，足供幽人韵赏。大叶者名榆柳，尖叶者名杨柳。别有远神者为宫柳，倒树者成垂柳。而西河[2]，其别种也。雨中可扦。

汉宫有人柳[3]，状如人形。每一日，三眠[4]三起。

王维别业[5]在辋川，遍植杨柳。水际漪漪[6]绿绉[7]，名曰"柳浪"。

柳枝娘，洛中里妓也。闻诵李义山[8]《燕台》诗，乃折柳结带[9]，赠义山乞诗。

白尚书[10]年既高迈，而小蛮[11]方丰艳。因为杨柳词托意，有"永丰[12]东角[13]荒园里，尽日无人属阿谁"之句。后宣宗听伶官唱是词，上问谁词，永丰在何处，因命取永丰柳二株，植之禁中。

注释

[1] 袅娜（niǎo nuó）：形容枝条细长、柔软，一副纤弱柔美的样子。

[2] 西河：指西河柳。明代陈继儒《致富奇书》卷二"西河柳"条称："一名观音柳，一名垂丝柳，又谓之柽（chēng）。小干弱枝，插地即活。叶细如丝，婀娜可爱。花穗长三四寸，水红色，如蓼（liǎo）花之类。其花遇雨即开，宜植之水边。"

[3] 人柳：明代李时珍《本草纲目》认为人柳即柽柳。

[4] 眠：指柳树枝条萎靡不振、叶子闭合下垂不舒展的样子。样子如人睡眠一般。

[5] 别业：本宅之外，在风景优美的地方，所建供游憩的园林房舍。

[6] 漪漪：细细的波纹轻轻摇动的样子。

[7] 绉（zhòu）：丝织品的一种，质地较薄，外观呈现绉缩状。

〔8〕李义山：即李商隐。字义山，号玉溪生，又称樊南生。晚唐诗人，与杜牧齐名，并称"小李杜"。

〔9〕折柳结带：按李商隐《柳枝五首序》，"柳枝手断长带，结让山（引者注：李商隐从兄）为赠叔乞诗"，是截断衣带，而不是折柳结带。

〔10〕白尚书：即白居易。

〔11〕小蛮：白居易的侍女。

〔12〕永丰：指永丰坊，白居易居住的地方。

〔13〕东角：白居易原诗作"西角"。

译文

柳叶刚萌出的嫩芽呈淡黄色，经过一段时间后，渐渐变成了淡绿色。纤细柔美，风姿绰约，柔弱得似乎禁受不起任何惊扰。柳枝间莺来燕往，柳叶里蕴雨含烟，种种丰姿神韵，足以供幽人韵士悠然欣赏。叶片较大的一种名榆柳，叶片尖尖的一种名杨柳。另有神韵深远的一种为宫柳，柳条向下垂挂的为垂柳。而西河柳，又是另外一个品种。在雨中扦插柳条，可以成活。

汉宫有人柳，形态如人形。每日三伏三起。

王维的别墅在辋川，遍植杨柳。微风吹拂，水边柳条摇曳，此起彼伏，犹如波浪，名曰"柳浪"。

柳枝娘，是洛阳的一名歌妓。听人诵读李义山《燕台》诗，于是折柳绾结成带，赠送义山，向其乞诗。

白尚书年事已高，而小蛮正丰姿绝艳。因此作杨柳词以寄托胸臆，其中有"柳树生长在永丰坊西角的荒园里，这里整日无人，又有谁来欣赏它呢"之句。后宣宗听伶官唱这首词，问是谁的词、永丰在何处，于是命人移来永丰坊的两株杨柳，种植在禁中。

虎刺^{［1］}

叶刺俱对生，花白微香，子丹色。性喜阴，难大。以此作盆供，虽高不逾尺，而亭亭玉立，居然有林木之况。云林图画，正不足奇也。

顾恺之^{［2］}目谢公^{［3］}曰："此子宜置丘壑。"虎刺翳然林木，当亦令太傅^{［4］}情深。

注释

〔1〕虎刺：茜草科常绿小灌木。枝上密生细刺，与叶同长。初夏枝梢开小白花。清人陈淏子《花镜》云："虎刺一名寿庭木。生于苏杭、萧山。叶微绿而光，上有一小刺。夏开小白花，花开时子犹未落，花落后复结子，红如珊瑚。性畏日喜阴，本不易大，百年者止高二三尺。"

〔2〕顾恺之：字长康，小字虎头，晋陵无锡（今属江苏）人，东晋著名画家。

〔3〕谢公：指谢鲲，字幼舆，东晋陈郡阳夏（今河南太康）人，东晋名士、玄学家。据《世说新语》卷下，顾恺之为谢鲲画像，背景设为岩石，人问其故，顾恺之说，谢鲲曾说自己处理政务方面，比不上庾亮，但"一丘一壑，自谓过之"，因此画中将他置于深山幽谷之中，再合适不过。

〔4〕太傅：谢鲲不曾被封太傅，作者应是误把谢安的封号加在了谢鲲头上。谢安，字安石，号东山，东晋政治家、军事家，去世后被追封太傅兼庐陵郡公，世称"谢太傅"。

译文

　　叶刺都是对生，花呈白色，微香，子实为红色。性喜阴湿，难以长大。以此作盆供，虽然高不过尺，而亭亭玉立，居然有林木的样子。倪瓒为其作画，因此也不足为奇。

　　顾恺之画谢公，说："将他放置于山林丘壑之中再合适不过了。"虎刺生长于林木的遮蔽之下，与山林为伴，也应当会令谢太傅深深地喜爱。

翠筠草

一名翠云。轻翠[1]可观，茎瘦如石竹，而态转不胜。性喜阴湿，无日色则愈茂。

注释

〔1〕轻翠：嫩绿。

译文

又名翠云。嫩绿青翠，十分清雅。茎干清瘦如石竹，而姿态有所不及。性喜阴湿，不受日光照射，则长得愈加茂盛。

凤尾草[一]

叶尖而翠，性情俱类。

注释

〔1〕凤尾草：凤尾蕨科，多年生草本植物。清人吴其濬《植物名实图考》："凤尾草，生山石及阴湿处，有绿茎、紫茎者，一名井栏草。"

译文

凤尾草叶片较尖，而呈翠绿色。习性和情致都和翠筠草相似。

连钱草 [1]

　　圆叶嫩绿，附地而生，田田 [2] 如嫩荷，秀采可掬。

注释

〔1〕连钱草：即积雪草，又名地钱草，伞形科，多年生草本植物。

〔2〕田田：盛密的样子，古乐府诗云："莲叶何田田。"

译文

　　叶片呈圆形，嫩绿色。附着于地面生长。叶叶相连如同嫩荷。清秀美好，招人喜欢。

怀风草

一名苜蓿[1]。无风自翻，含风愈远，因名"怀风花"。于日中照之，光采烨然，亦谓之"光风草"。

注释

[1] 苜蓿：俗称"三叶草"，豆目，多年生宿根草本植物。关于其"怀风"，晋代葛洪《西京杂记》卷一说得比较清楚，"苜蓿一名怀风，时人或谓之光风。风在其间，常萧萧然，日照其花有光彩，故名苜蓿为怀风"。

译文

又名苜蓿。无风时也自由翻动，风拂之更显清远，因此名"怀风花"。在日光的照射下，光采鲜明，又被叫作"光风草"。

虫食之，即化为蝶。

注释

［1］媚草：岭南植物。宋代叶廷珪《海录碎事》卷二二下引《述异记》《岭表异录》对媚草记录较详，书中写道："媚草，鹤子草也。蔓生，色浅紫，蒂形如飞鹤。春月生双虫，食其叶。越女收养，虫老蜕为蝶。带之号媚蝶。"

译文

小虫吃了媚草，就会化为蝴蝶。

舞草

〔1〕

闻人歌即舞。又名宫人草。叶香，生楚中。

注释

〔1〕舞草：产于四川。唐代段成式《酉阳杂俎》前集卷一九写道："舞草出雅州（今四川雅安），独茎三叶，叶如决明。一叶在茎端，两叶居茎之半，相对。人或近之歌，及抵掌讴曲，必动叶如舞也。"

译文

舞草听到人唱歌就会随声舞蹈。又名宫人草。叶有香气，生长于楚地。

书带草〔1〕

出黉山〔2〕，叶似薤〔3〕，四时青翠。昔郑玄〔4〕注《书》，丛生此草。东坡诗《庭下翠》云："书带草使君，疑是郑康成。"〔5〕

注释

〔1〕书带草：百合科阶沿草属常绿多年生草本植物。清人陈淏子《花镜》："书带草一名秀墩草。丛生一团，叶如韭而更细长，性柔韧，色翠绿鲜润。出山东淄川郑康成读书处。近今江浙皆有。植之庭砌，蓬蓬四垂，颇为清玩。若以细泥常加其中，则层次生高，其如秀墩可爱。"

〔2〕黉（hóng）山：山名，位于山东淄川县（今淄博市西南）城北。

〔3〕薤（xiè）：指薤头，百合科葱属多年生鳞茎植物。

〔4〕郑玄：字康成，北海高密（今属山东）人，东汉经学家。《后汉书·郑玄传》载："凡玄所注《周易》《尚书》《毛诗》《仪礼》《礼记》《论语》《孝经》……凡百余万言。"

〔5〕书带草使君，疑是郑康成：见于苏轼《书轩》诗，但有错误。苏轼《书轩》诗为一首七言绝句，后两句云："庭下已生书带草，使君疑是郑康成。"

译文

出自黉山，叶片似薤，一年四季都青翠熠熠。从前郑玄注解《尚书》，周围就丛生这种书带草。苏东坡诗《庭下翠》云："庭阶下丛生的书带草熠熠青青，使君大概如郑康成一般，潜心读书治学。"

秀墩草

叶类而差短，丛密如墩[1]，艺[2]之石旁，可以代缛[3]。

注释

〔1〕墩（dūn）：本义为土堆。又可作量词，用于丛生的或几棵合在一起的植物。

〔2〕艺：本义为种植。

〔3〕缛（rù）：通"褥"，褥子。

译文

叶子形状与书带草类似而稍短一些。丛生茂密如堆，植于石旁，可以代替褥子。

吉祥草 [1]

花紫可观，叶尖翠，插之花瓶中，自能生根发叶。

注释

〔1〕吉祥草：百合科多年生草本植物，茎匍匐于地表，处处生根和叶。清人
陈淏子《花镜》卷六："吉祥草丛生畏日，叶似兰而柔短，四时青绿不
凋。夏开小花，内白外紫，成穗，结小红子。但花不易发，开则主喜。
凡候雨过分根种易活，不拘水土中或石上俱可栽。性最喜温，得水即
生。取伴孤石、灵芝，清供第一。"因其不易发花，故开花预示吉祥。

译文

花呈紫色，十分优美。叶尖，呈翠绿色。插到花瓶中，
便能生根发叶。

瓶花诀

梅花：用肉汁去浮油，入瓶插之，则萼开尽[1]而更结实。

牡丹花：贮滚汤于小口瓶中，插牡丹一二枝，紧塞其口，则花、叶俱荣。芍药同法，或以蜜养之亦可。

荷花：将乱发缠缚折处，仍以泥封其窍。先入瓶中至底，后灌以水，不令入窍。窍中进水，则花易败矣。

海棠花：以薄荷[2]包折处，后以水养之，则花鲜而难谢。

芙蓉花：凡柔枝花，俱用滚汤[3]贮瓶，插下则不憔悴。

栀子花：将折枝处搥[4]碎，擦盐。入水插之，则花不黄。

凡冬日插花，当投之硫黄，不冻。惟近日色南窗下置之，夜近卧榻，庶可耐久。

注释

〔1〕开尽：明人王路《花史左编》、袁宏道《瓶史》、高濂《遵生八笺》等
　　文献皆作"尽开"。明人周文华《汝南圃史》补充说："或用煮鲫汤亦
　　可。"

〔2〕薄荷：唇形科植物，性凉、味辛。清人陈淏子《花镜》卷二"养花插瓶
　　法"条描述得更为详细："海棠花须束薄荷叶于折处，再以薄荷水浸
　　养，细蕊尽开。"

〔3〕滚汤：沸水。这是鲜切花保鲜的热处理法之一。李宪章编著的《切花保
　　鲜技术》一书称之为"浸烫法"，也就是将"切花的枝条基部用纸包住
　　切口，浸于80℃热水中2～3分钟，取出插于瓶中"。作用是"杀灭茎基
　　切口的细菌并防止霉菌感染发生霉烂，从而延长花期"。

〔4〕搥（chuí）：同"捶"。李宪章《切花保鲜技术》称"这种末端击碎法
　　适用于木本切花。木本切花，茎质坚硬，不易吸水，在茎基3厘米长的
　　一段轻轻将茎击碎或将茎基劈成4裂，并用小石子或他物撑开裂口，可
　　以扩大吸水面，有利于水分的吸收，维持插花寿命"。

译文

梅花：去掉肉汁上的浮油，倒入瓶中，将梅花插入其中，那么花朵能全部开放并且结出果实。

牡丹花：将沸水注到小口的瓶中，插牡丹一两枝。然后把瓶口塞紧，那么花和叶都会开得很茂盛。瓶插芍药花的方法与它相同。或者用蜜水滋养也可以。

荷花：用乱发缠缚住折断处，再用泥封堵茎上的孔窍。先把荷花茎插至瓶底，然后灌水，不要让水进入花茎的孔隙中。孔中进水，则荷花容易凋萎。

海棠花：用薄荷叶包扎折断处，然后以水养殖，那么花开鲜艳而不易凋谢。

芙蓉花：凡花茎纤柔的切花，都要用沸水贮于瓶中，花插入后则不易凋谢。

栀子花：将折枝处捶碎，擦上盐。然后插入水中，则花不会枯黄。

凡冬日插花，应当往水中投放些硫黄，水则不冻。白天将其放置在有日光的南窗之下，夜晚置于卧榻之侧，可以开得久一些。

荷花：将老莲子装入鸡卵壳内，仍以纸糊好。与母鸡混众子中同伏。候雏出，取出莲子。先以天门冬为末，和羊毛并角屑[1]，拌河泥，安盆底，种莲子在内。勿令水干，则生叶开花，止[2]如钱大。翻风可爱。

芭蕉：根底小芽[3]，分作盆景。用油簪脚[4]将根横刺二眼，即不长大，可玩。

注释

[1] 角屑：犀屑或羚羊屑。

[2] 止：仅。此句的意思是说，如果水干了的话，那么生叶开花，仅仅如钱币般大小。事实上，无论是明代的《遵生八笺》《竹屿山房杂部》《花佣月令》，还是清代的《物理小识》等文献，在记录种植莲子时，都没有这层转折意思。如明人宋诩《竹屿山房杂部》卷九引用《小录》写道："勿令水干，自然生叶开花如钱。"意思是，只要不令水干，那么自然生叶开花如钱大小。

[3] 小芽：指芭蕉根状茎上的蘖芽。分株繁殖是芭蕉繁殖的方法之一。用刀切开根状茎，每块留3~5个芽或芽眼，分别埋入土中即可。

〔4〕簪脚：簪子锥形而尖细的部分。"用油簪脚将根横刺两眼"是古代控制植物生长的针刺技术。其机制大概是通过针刺损伤植物茎表皮中输送有机物质的部分运输管道，阻止光合产物向下运输，从而抑制植物生长。这里是运用针刺技术使芭蕉矮化，不长大。

译文

　　荷花：将老莲子装入鸡蛋壳内，然后用纸把口糊好。将蛋壳放入其他鸡蛋中让母鸡一起孵化。等到小鸡孵出时，取出莲子。先将天门冬碾成末，和上羊毛和角屑，拌上河泥，敷在盆底，将莲子种在泥中。不要让泥风干，否则生叶开花，仅如铜钱大小。荷叶和荷花在风中翻动，十分可爱。

　　芭蕉：将根状茎切开，每块留芽，分别栽种，各作盆景。用油簪脚将根横向刺出两个眼，芭蕉就不会长大，可供玩赏。

正月

扦插〔1〕

地棠、栀子、锦带、木香、紫薇、白薇、石榴、玫瑰、银杏、金雀、樱桃、西河柳。

移植

木兰、竹秧。

兹月自朔〔2〕暨晦〔3〕，杂树俱可移。惟生果者，及望〔4〕而止。过望移，则少实矣。

接换〔5〕

海棠、腊梅、梨花、柿树、梅树、桃树、李树、杏树、栗树、黄蔷薇。

压条〔6〕

杜鹃、白茶、木犀、海棠。

凡可扦者，皆可压条。

下种

杏子、胡桃、早茄、薏苡、王瓜。

整顿

元旦鸡鸣，将火遍烧〔7〕一切果木，则无虫侵之患。是日，将斧驳树皮，则子不落。月内修去一切果木繁枝枯干。

二月

分栽

萱花、紫荆、杜鹃、芭蕉、百合、菊花、凌霄、迎春、映山红、甘露子。

三月

分栽

芙蓉、石榴、山药、紫菀、落花生。

移植

木犀、柑橘、海棠。

下种

鸡冠、秋色。

过贴〔8〕

玉兰、石榴、夹竹桃。

四月

分栽

秋海棠、栀子、茉莉。

压条

木犀、玉蝴蝶、玉绣球。

五月

分栽

水仙、素馨、紫兰。

扦插

石榴、锦带、月季、地棠、西河柳。

六月

接换

樱桃、桃树、梨树。

七月

接换

海棠、林檎、小春桃。

下种

蜀葵、腊梅。

八月

分栽

芍药、山丹、水仙、木笔、石菊、海棠、玫瑰。

移植

牡丹、枇杷、早梅、丁香。

下种

罂粟、水仙。

接换

牡丹、海棠、小春桃。

九月

分栽

水仙、杨梅、芍药、牡丹。

移植

腊梅、山茶、枇杷。

十月

分栽

荼蘪、棣棠、宝相、锦带、木香、蔷薇、萱花。

压条

海棠、桑皮。

十一月

移植

松、柏、桧。

下种

橙、橘、柑。

十二月

移植

山茶、玉梅、海棠。

扦插

石榴、蔷薇、月季、十姊妹、木香。

注释

〔1〕扦插：植物无性繁殖方法。即取植株营养器官的一部分，插入润湿疏松的土壤或细砂中，利用其再生能力，使生根抽枝，成为新植株。按取用器官，有枝插、根插、芽插和叶插之分。

〔2〕朔：农历每月初一。

〔3〕晦：农历每月的末一天，朔日的前一天。

〔4〕望：农历每月十五日前后。

〔5〕接换：即嫁接。植物无性繁殖方法。选取植株的枝或芽，接于另一植株的枝干或根部，使两者接合成活为新植株。

〔6〕压条：亦称"压枝"。一种植物繁殖技术，即把植物枝条的一部分刮去表皮埋入土中，头端露出地面，等它生根以后把它和母株分开，使之另成一个植株。

〔7〕烧：应为"照"。明清农书、园艺类书等都作"照"，如《致富奇书》《花佣月令》《三农记》《田家占候集览》《节序同风序》等。明代高濂《遵生八笺》卷三说得极为清楚："元日五更时，点火把照果木树，则无虫生。"

〔8〕过贴：即靠接。花卉嫁接方法之一，常用于扦插困难，其他嫁接法不易成活的花卉。明代徐光启《农政全书》写道："不可接者，乃用过贴。"接时将有根系的两植株，在易于互相靠近的茎部削去约3厘米长的切面，随即互相接合，务使形成层相合，并加缚扎和封蜡，待愈合后把接穗下部和砧木上部切除，即成独立植株。

译文

正月

【扦插】 正月应当扦插的花木有地棠、栀子、锦带、木香、紫薇、白薇、石榴、玫瑰、银杏、金雀、樱桃、西河柳。

【移植】 正月应当移植的花木有木兰、竹秧。此月从初一至月末，各种花木都可以移栽。只有果树应在望日前移植，过了望日再移栽，果实就结得少。

【接换】 正月应当接换的花木有海棠、腊梅、梨花、柿树、梅树、桃树、李树、杏树、栗树、黄蔷薇。

【压条】 正月应当压条的花木有杜鹃、白茶、木樨、海棠。凡是可以扦插的花木都可以压条。

【下种】 正月应当下种的花木有杏子、胡桃、早茄、薏苡、王瓜。

【整顿】 元旦，当鸡鸣叫时，用火照射一切果木，将来就不会有虫侵的忧患。这一天，用斧子砍削树皮，那么果实就不会掉落。在此月内，要修去一切果木的繁枝枯干。

二月

【分栽】 二月应当分栽的花木有萱花、紫荆、杜鹃、芭蕉、百合、菊花、凌霄、迎春、映山红、甘露子。

三月

【分栽】 三月应当分栽的花木有芙蓉、石榴、山药、紫蓴、落花生。

【移植】　三月应当移植的花木有木樨、柑橘、海棠。

【下种】　三月应当下种的花木有鸡冠、秋色。

【过贴】　三月应当靠接的花木有玉兰、石榴、夹竹桃。

四月

【分栽】　四月应当分栽的花木：秋海棠、栀子、茉莉。

【压条】　四月应当压条的花木有木樨、玉蝴蝶、玉绣球。

五月

【分栽】　五月应当分栽的花木有水仙、素馨、紫兰。

【扦插】　五月应当扦插的花木有石榴、锦带、月季、地棠、西河柳。

六月

【接换】　六月应当接换的花木有樱桃、桃树、梨树。

七月

【接换】　七月应当接换的花木；海棠、林檎、小春桃。

【下种】　七月应当下种的花木：蜀葵、腊梅。

八月

【分栽】　八月应当分栽的花木有芍药、山丹、水仙、木笔、石菊、海棠、玫瑰。

【移植】　八月应当移植的花木有牡丹、枇杷、早梅、丁香。

【下种】　八月应当下种的花木有罂粟、水仙。

【接换】　八月应当接换的花木有牡丹、海棠、小春桃。

九月

【分栽】 九月应当分栽的花木有水仙、杨梅、芍药、牡丹。

【移植】 九月应当移植的花木有腊梅、山茶、枇杷。

十月

【分栽】 十月应当分栽的花木有荼蘼、棣棠、宝相、锦带、木香、蔷薇、萱花。

【压条】 十月应当压条的花木有海棠、桑皮。

十一月

【移植】 十一月应当移植的花木有松、柏、桧。

【下种】 十一月应当下种的花木有橙、橘、柑。

十二月

【移植】 十二月应当移植的花木有山茶、玉梅、海棠。

【扦插】 十二月应当扦插的花木有石榴、蔷薇、月季、十姊妹、木香。